THE NEW WORLD OF MR TOMPKINS

物理世界奇遇记

〔美〕乔治·伽莫夫 著

丁奕心 译

团结出版社

图书在版编目（CIP）数据

物理世界奇遇记/(美)乔治·伽莫夫著；丁奕心译.

—北京:团结出版社,2019.5

ISBN 978-7-5126-6995-6

Ⅰ.①物… Ⅱ.①乔… ②丁… Ⅲ.①物理学—普及读物

Ⅳ.①O4-49

中国版本图书馆CIP数据核字(2019)第052666号

出版：团结出版社

（北京市东城区东皇城根南街84号 邮编：100006）

电话：(010) 65228880　　65244790　　（传真）

网址：www.tjpress.com

Email：zb65244790@vip.163.com

经销：全国新华书店

印刷：三河市富华印刷包装有限公司

开本：148×210　1/32

印张：7

字数：160千字

版次：2019年6月　第1版

印次：2025年7月　第4次印刷

书号：978-7-5126-6995-6

定价：35.00元

媒体推荐

强烈推荐这本书给科学工作者和广大读者。

——英国《曼彻斯特卫报》

这本书不只是有趣，普通读者还可以从中学到很多关于亚原子粒子（电子、中子和其他粒子），以及支配它们运转状态的奇怪规律。

——英国《观察家报》

本书让人脑洞大开，又完全是科学的。

——《科学美国人》杂志

物理学专业人士会欣赏这种对物理理论及事实的精巧阐述，并对其中恰当的类比忍俊不禁。理科生会发现它值得一读，因为它是现代物理学教科书一个很好的补充。非物理研究者也会发现这本书有趣又刺激。

——《数学手稿》杂志

前　言

　　1938年的冬天，我写了一篇科学幻想短篇小说（不是科幻小说）。在这本书中，我尝试给不懂物理学的门外汉解释空间曲率和膨胀宇宙的基本概念。我决定以一种夸张的方式来描述真实存在的相对论现象，这样此书的主人公C.G.H.[1] 汤普金斯，一个对现代科学感兴趣的银行职员就能更容易地观察到。

　　我把这篇底稿寄给《哈泼斯杂志》（Harpers Magazine），然后就像所有的新作家一样，被退了回来。我又把稿子寄给另外五六家杂志社，同样遭到了拒绝。因此，我把这份底稿扔进了我书桌的抽屉里，然后忘记了它。同年夏天，我参加了由国际联盟在华沙举办的理论物理国际会议。那时，我一边品着一杯极品波兰葡萄酒，一边和我的老朋友查尔斯·达尔文爵士（就是写《物种起源》的查尔斯·达尔文的孙子）聊天，话题转移到了科学知识普及工作上来。我把我在这条道路上碰到的坏运气告诉了达尔文，他说："这样，伽莫夫，当你回到美国后，把你的手稿找出来，把它寄给C.P.斯诺博士，他是剑桥大学出版社出品的科普杂志《发现》（Discovery）的编辑。"

1.C.G.H: 汤普金斯先生名字的首字母来源于三个基本物理常数：光速C；万有引力常数G；以及普朗克常数H，这些常数需要巨大的因素才能发生改变，而大街上的人们能轻而易举地注意到这些改变所带来的影响。

因此我照做了，一周过后，斯诺发来一封电报说道："您的文章将会刊登在下一期，请多投稿。" 于是一连串关于汤普金斯先生的故事连续刊登在后来的《发现》杂志中，这些故事使得相对论和量子理论得到普及。不久以后，我接到了一封来自剑桥大学出版社的来信，信中建议我把这些文章集结起来，再加上几篇额外的故事来丰富篇幅，将它们以图书的形式出版。这本书叫《汤普金斯先生漫游奇境》，在1940年被剑桥大学出版社出版，之后又加印了6次。这本书的续集《汤普金斯先生探索原子世界》于1944年出版，到目前已被加印过9次。除此之外，这两本书还被翻译成几乎所有的欧洲国家文字（除了俄语），还有中文和印地文。

最近，剑桥大学出版社决定将两本原版书籍合并出版成一本平装书，他们让我更新一下旧的内容，并增添一些新的故事来讲述那两本书出版之后物理学和相关领域所取得的进展。所以，我增加了一些关于裂变和核聚变、稳恒态宇宙和关于基本粒子令人激动的问题等故事，这些内容构成了现在的这本书。

在这里我必须要说明一下关于插图的事，最初在《发现》杂志中的文章和第一本书，是由约翰·胡卡姆插图，他创造了汤普金斯先生的面貌特点。当我写第二本书时，胡卡姆先生已经从插图员的工作上退休了，所以我决定自己来为文章插图，并且忠实地跟随胡卡姆先生的风格。现在这书的插图也是由我完成的，而文中出现的诗句和歌曲则是我的妻子芭芭拉所作。

乔治·伽莫夫
于美国科罗拉多州博尔德市科罗拉多大学

目录 contents

媒体推荐

前　言

引　言

3 / **第一章**　城市速度极限

13 / **第二章**　教授的那场引发汤普金
　　　　　　斯先生梦境的相对论讲座

25 / **第三章**　汤普金斯先生度了个假

39 / **第四章**　教授关于弯曲空间和宇宙的讲座

53 / **第五章**　脉动的宇宙

65 / **第六章**　宇宙之歌

79 / **第七章**　量子碰撞

1

101 / **第八章** 量子丛林

113 / **第九章** 麦克斯韦的妖精

133 / **第十章** 快乐的电子部落

151 / **第十一章** 上一场讲座中汤普金斯先生

为睡着而错过的部分

161 / **第十二章** 原子核的内部

175 / **第十三章** 老木雕匠

191 / **第十四章** 虚无中的洞

203 / **第十五章** 汤普金斯先生品尝了一顿日本料理

引　言

　　从童年起，我们就习惯通过五种感官来感知周围的世界；到了心智发育阶段，空间、时间和运动的基本概念形成。很快，我们的大脑就对这些概念再熟悉不过，以至于从那以后，我们就开始倾向于相信基于这些概念的认知是这个世界的唯一可能，似乎任何改变这些概念的想法都让我们觉得荒诞不经。然而，精确的物理观察法的发展以及对观察到的关系所进行的模糊分析，使得现代科学得出了明确的结论。当被用来描述我们在日常观察中通常无法获得的现象时，这种"经典"基础变得完全不成立。所以，为了使我们新的精密实验得到正确且前后一致的描述，对空间、时间和运动的基本概念进行改变就显得十分必要。

　　然而，就日常生活的经验而言，普通概念与现代物理学引入的概念之间的偏差是微不足道的。但是，如果我们想象其他的世界，具有与我们的世界相同的物理定律，只是物理常数的数值有所不同，对这个世界的认知是否适合，就是由这些常数的数值决定的。在新世界里，空间、时间和运动的正确而全新的认知，在现代科学里要经过漫长而精心的研究才能获得，但是在这个世界里却只是常识的问题。我们可以说，即使是这个世界里的一个原始野蛮人，也会熟悉相对论和量子理论，并将它们用于他的狩猎目的和日常需要。

现在故事中的主人公在他的梦境里就穿越到了这样的世界,这里把我们正常生活中无法想象的现象夸张再夸张,使它们变得稀松平常、易于观察。在这个奇幻但又完全科学的梦境中,他得到了一位老物理学教授的帮助(后来他娶了老教授的女儿慕德),老教授用浅显易懂的语言向他解释了他在这个充满相对论、宇宙学、量子学、原子论、核结构和基本粒子的世界中所观察到的怪事。希望汤普金斯先生不同寻常的经历能帮助感兴趣的读者更清楚地了解我们真实生活中的物理世界。

第一章　城市速度极限

这一天是银行休息日，本市某大银行的一个小职员汤普金斯先生睡到很晚才起床，然后悠闲地吃了顿早餐。他打算好好计划这一天的行程，他首先想到的是下午去看场电影，于是他打开晨间报纸，翻到娱乐版面找找看。但是没有一部电影能吸引他，他一点儿也不喜欢这些没完没了谈情说爱的好莱坞电影。

这些无聊的商业电影!

要是有一部电影能讲点什么冒险故事，演些不寻常的事儿，甚至有些幻想在里面就好了，可是一部这样的电影也没有。无意间，他的视线瞥到了报纸角落的一小段报道上，原来，本市的大学正在举办一系列关于现代物理学问题的讲座，而今天下午的讲座是关于爱因斯坦的相对论。不错，这个有点意思! 他以前经常听说，全世界真正理解爱因斯坦理论的不过12个人，说不定他能成为第13个呢! 他欣然决定去听这场讲座，这可能正是他需要的呢。

当他到达这个大学的礼堂时，讲座已经开始了。礼堂里坐满了学生，大部分是年轻人，他们兴趣盎然听着那个站在黑板旁边留着白胡子的高个儿男人的演讲，男人正努力地为台下的观众解释相对论的基本概念。他费了好大劲儿才搞清楚爱因斯坦理论的整体重点，那就是存在的最大速度就是光速，任何移动的物体都无法超越光速，而正是因为这一事实会产生一些非常奇怪而又不同寻常的后果。不过，那位教授说，因为光传播的速度是186,000英里/秒（300,000公里/秒），在日常生活中，相对论产生的效应是很难被观察到的。所以，这些不寻常的效应非常难以理解，他甚至觉得这些效应有悖于常识。他尽力在脑海中想象量尺的缩短和钟表的古怪表现是什么样的。想着想着，他的头慢慢垂了下去。

当他再睁开眼睛时，发现自己不是坐在大学礼堂，而是市政府为方便乘客等车设置的长椅上。这是一座美丽而古老的城市，街边排列着中世纪学院式风格的建筑。他心想，自己一定是在做梦，但是出乎他意料的是，他周围并没有什么不寻常的事情发生，甚至站在对面街角的警察都和往常一样。街道尽头的那个钟楼上的大时钟的指针，刚好指在5点钟上。街上空空荡荡的，只有一辆自行车从前面缓缓驶来，当自行车靠近时，他惊奇地瞪圆了双眼。因为他惊讶地发现，那辆自行车和车上的年轻人在运动的方向上都不可思议地缩扁了，就好像是通过圆柱形的透镜看过去一样。这时，钟楼上的时钟敲完了5下，显然骑自行车的人有些着急了。于是年轻人更加用力地蹬着踏板，他发现年轻人并没有增速多少，却因为自己的努力变得更扁了，看起来就像一个用硬纸板剪成的纸片人沿着街道骑了过去。

年轻人难以置信地缩扁了。

　　这时，汤普金斯先生觉得非常自豪，因为他知道骑自行车的人发生了什么，不过是运动的物体会缩扁而已，这是他刚刚听来的。"显然在这个地方，天然的速度极限比较低，"他总结道，"这就是为什么街角的警察看起来十分慵懒，他根本不需要找出那些超速驾驶的人。"实际上，这时候在街道上行驶的一辆发出全世界都能听见噪音的出租车，也没有比那辆自行车快多少，就好像慢慢爬过去一样。他决定追上刚才那辆自行车，那小伙子看起来很面善，自己去问问对方这一切究竟是怎么回事。他趁着警察没有注意，偷偷借了别人停靠在路边的自行车，飞速地沿着街道骑了过去。

城市的街区也缩扁了。

他想到自己马上就能缩扁了，便非常开心，因为他最近越来越圆润的体型让他感到有些焦虑。但出乎意料的是，不论是他还是他的自行车，都没有发生任何变化。相反，他周围的景象却发生了很大的变化。街道变得短了，商店的橱窗窄得好像一条条裂缝，至于街角的那个警察，变成了他有生以来见过的最瘦的人。

"天哪！"汤普金斯先生兴奋地叫道，"我现在看出门道了，这就是'相对性'一词的意思，所有和我发生相对运动的物体，在我看来都会缩扁，不论是谁在蹬自行车！"他很擅长骑自行车，现在他更是拼上全力去追赶那个年轻人。尽管如此，他发现想骑着这辆自行车加速可不是件容易事儿，虽然他使出浑身解数去蹬脚踏板，但是自行车的提速微乎其微。很快，他的双腿就痛了起来，但是他经过街角的路灯时的速度, 并不比他刚起步时的速度快多少, 好像他为了加速所做的努力并没得到什么回报。他现在非常清楚地理解到, 为什么刚才碰到的骑自行车的人和出租车的速度都不怎么样。他记起那个教授讲的关于不可能超过光速这个极限的话来了。然而, 他注意到, 城市的街道仍然变得越来越短, 而且前面那个骑车的小伙子现在看起来好像没有那么远了。他终于在第二个转角处赶上了那个年轻人, 当他们并排骑行了一会儿时, 他惊奇地发现那个年轻人是一个正常体型的运动男孩。"噢, 这一定是因为我们彼此之间没有发生相对的运动。"他得出结论, 接着, 他和那个年轻人说起话来。

"对不起, 先生!"他说, "住在一个速度极限这么低的城市, 你有没有觉得不方便呢?"

"速度极限?" 年轻人奇怪地回答道, "我们这里没有什么速度极限, 不论我想去哪儿, 我想骑多快就多快; 或者至少, 如果我有一辆摩托车来替代这台使不上劲儿的旧自行车, 我想骑多快就骑多快。"

"但是刚才你从我身边经过时, 你移动的速度是很慢的,"汤普金斯先生说, "我特别注意到你。"

"噢, 你特别注意到了是吗?"年轻人说道, 显然有些不高兴, "我猜你没注意到从你开始跟我说话到现在, 我们已经过去了五个街区了吧。这对你来说还不够快吗?"

"但是街道变得短了很多。"汤普金斯先生争辩道。

"我们骑得快还是街道变得短, 这之间有什么分别呢? 我要到十条街以外的邮局去, 如果我蹬得快一点, 街道就会变得短一些, 而我也能快一点到达。事实上, 我们已经到了。"年轻人说着, 从自行车上下来。

汤普金斯先生抬头看了看邮局的钟表，上面显示五点半。"好吧。"他得意地指出，"但是不管怎么说，骑过十条街道，你已经用掉了半个小时，我第一次看见你的时候刚好五点钟！"

"你真的发现已经过了半个小时吗？"对方问道。汤普金斯先生不得不承认他觉得好像只过去了几分钟。不仅如此，当他看向自己手上的手表时，手表显示着五点过五分。"啊！"他说，"是邮局的钟快了？""当然，要么是邮局的钟快了，要么是你的手表慢了，这都是因为你骑得太快了。可是话说回来，你是怎么回事？你是从月亮上掉下来的吗？"说着，年轻人走进了邮局里。

经过这番对话，汤普金斯先生意识到，没有那位老教授在身边为他解释发生的一切是多么地不幸。这个年轻人显然是个当地人，在还没学会走路之前就对这些现象司空见惯了，所以汤普金斯先生不得不靠自己去探索这个奇怪的世界了。他对照着邮局的大钟调整了自己的手表，他又等了十分钟以确保手表走得准确无误。结果显示，他的手表没有问题。于是，他沿着街道继续走下去，最终来到了火车站，他又一次对起表来。令他惊讶的是，他的手表又慢了不少。"对，这一定又是相对论效应。"他得出结论，决定找一个比骑自行车的年轻人更有学问的人问个究竟。

机会来得很快，一个大约40岁的绅士下了火车，往出口的方向走去。在那里有一位老妇人迎接他，让汤普金斯先生惊掉下巴的是，那个老妇人叫那位绅士"亲爱的爷爷"。这令汤普金斯先生非常费解，借着帮他拿行李的机会，汤普金斯先生开始同他攀谈起来。

"很抱歉打听你的家务事，"他说，"但是你真的是这位老妇人的爷爷吗？你瞧，我是个外地人，我从来不……""噢，我知道了，"那位绅士说, 他的胡子下流露出笑意, "我猜你一定是把我当作流浪汉之类的人了, 但是事情其实非常简单。我的工作要求我经常出差, 因为我的大多数时间都花在了火车上, 所以我自然比我生活的城镇里的亲人们老得更慢一些。还好这次我回来得及时, 很开心看见我亲爱的小孙女还活着! 但是真抱歉, 我还要与她去坐出租车。"然后他便匆匆忙忙地离开了, 留下汤普金斯先生又一次一个人面对心中满满的疑问。火车站咖啡馆里的三明治, 不知怎的使他的思考能力突飞猛进, 他思考了很久, 甚至声称自己已经发现了著名的相对论原理中的破绽之处。

"是的, 当然了。"他一边品着咖啡, 一边想, "如果一切运动都是相对的, 旅行者的亲人相对于旅行者是一个老人, 那么旅行者相对于他的亲人也应该是老人才对, 或者可能双方都差不多年轻。但是这样的想法显然不大对啊: 明明只有旅行者的孙女是老人, 而那个旅行者却十分年轻, 白头发总不能是相对的吧?"为了找到事情的真相, 他决定做最后一次尝试。这一次, 他把目光投向了坐在咖啡馆里的一个穿铁路制服的单身汉身上。

"您好, 先生。"他开始了攀谈, "请问您能不能告诉我, 在火车里的乘客衰老的速度比待在一个地方的人们慢, 这件事应该谁负责呢?"

"我负责这件事。"那个男人利落地回答。

"噢!"汤普金斯先生叫了起来, "所以你已经解决了古代炼金术士的魔法石的问题了? 那你应该是医学界的名人, 你是这里医学协会的成员吗?"

"不。"那男人被吓了一跳, 答道, "我只是个司闸员。"

"司闸员? 你是说司闸员。"汤普金斯先生又惊叫起来, 感觉像是失去了大地的支撑，"你是说，你只是在火车进站的时候刹住火车？"

"是的，我就是做这个的，每次火车慢下来的时候，乘客当然就会相对其他人开始变老。"他谦虚地补充道，"当然，加速火车的发动机，驾驶员在做他的工作时也发挥了重要的作用。""但是这跟保持年轻又有什么关系呢？"汤普金斯先生奇怪地问道。"这个……我也不太清楚。"司闸员说，"但事情就是这样，有一次我问了一位乘坐我们火车的大学教授，这究竟是怎么一回事，他说了很多，长篇大论的，我根本听不懂。总之，最后他说这好像跟太阳上的什么'引力红移'有关，我记得他是这么说的。你以前听说过"红移"这个词吗？"

"没，没有。"汤普金斯先生说，他的语气中带着怀疑，那个司闸员摇着头走开了。

突然，一只有力的大手摇动着汤普金斯先生的肩膀，他发现自己不是坐在火车站的咖啡馆里，而是坐在他之前听教授讲座的礼堂里。天已经黑了，礼堂里空无一人，那个叫醒他的看门人对他说："先生，我们要关门了，如果你想睡觉，最好回家睡。"汤普金斯先生赶快站起身，向门口走去。

第二章
教授的那场引发汤普金斯先生梦境的相对论讲座

女士们，先生们：

在人类智慧发展的早期阶段，人们就已经明确地形成了空间和时间的概念，并把其看作事件发生的基本框架。这些概念被代代相传下来，没有发生实质性的改变。自从精密科学发展以来，这些概念被作为对宇宙数学描述的基础。伟大的牛顿提出了第一个明确阐述空间和时间概念的经典公式，他在他的著作《原理》中提到：

"绝对的空间，本质是与外物无关的，是永久保持相同且静止的。"以及"绝对的、真实的数学时间，就其自身和本质而言，是永久均匀流动的，与外物无关"。

过去，人们坚定地认为这些空间和时间的古典概念的正确性毋庸置疑。所以，哲学家们认为它们是某种先验的东西，而科学家们连想都没想过要对这些概念产生怀疑。

然而，就在20世纪伊始，人们发现许多由精密物理实验方法得出的结果，如果引入到古典时空框架里来解释，就会产生很多显而易见的矛盾。这个事实让现代最伟大的物理学家之一的爱因斯坦产生了一个革命性的想法，他认为，除了传统的借口之外，人们没有任何理由认为古典的时空概念是绝对正确的。为了适应新的、更精密的实验，时空的概念可以并且应该被改变。

实际上，由于古典时空概念是在人们日常生活的经验基础上形成的，而今天精确的观察方法是建立在高度发展的实验技术的基础上，对于这些老旧概念是多么地粗糙和不准确，我们就不会感到惊讶！这些旧的概念之所以能应用在日常生活和物理学发展的早期阶段，仅仅是因为它们同正确概念的差异是微乎其微的。同样，随着现代科学探索领域逐渐拓宽，这些差异变得越来越大，以至于到了古典概念完全不再适用的程度，我们也不必感到惊讶。

使古典概念从根本上备受批评的最重要的一个实验结果，是人们发现真空中的光速是所有可能的物理速度的上限，这个重要而出乎意料的结论是由美国物理学家迈克尔逊实验发现的。19世纪末，他在试图观察地球的运动对光速的影响时，令他自己和整个科学界都十分震惊的是，他发现地球的运动对光速没有丝毫影响，而且不论是从哪一个方向测量或者不论光源如何运动，真空中的光速都是完全相同的。不用解释，人们就会认为这个结果是非常奇怪的，并且与我们对于运动的最基本概念是相互矛盾的。在现实生活中，如果一个物体在空间中快速移动，而你在迎着物体运动的方向上移动，这个移动的物体会以更大的相对速度与你相撞，这个相对的速度等于物体和观察者的速度之和。相反，如果你与物体在同一方向上移动，这个物体会以一个更小的速度与你相撞，这个速度等于两者速度之差。

同样，如果你坐在一辆小汽车里迎着声音在空气传播的方向行驶，那么你在车里测出的声音传播速度等于声音本身的传播速度加上驾驶速度。反之，如果你与声音传播方向同方向驾驶，让声音来"追赶"你，那么你在车中测出的声音传播速度也会相应地变小。我们称这种现象为"速度相加定理"，这个定理一直被认为是不证自明的。

然而，这个世界上最精密的实验告诉我们，在测量光速时，这个定理不再适用了。不论观察者多快速地移动，真空中的光速永远是恒定不变的常数，等于300,000公里/秒（我们通常用符号c来代表光速）。

"没错。"你可能会说，"但是难道就不能通过叠加几个可获得的较小速度来架构一个超过光速的速度吗？"

举个例子，我们可以构思一列跑得非常快的火车，假设它的速度是光速的3/4，车厢顶上有一个人向火车头的方向奔跑，他的速度也是光速的3/4。

根据速度相加定理，这两个速度叠加的总速度应该是光速的1.5倍，也就是说这个人应该有能力超过一盏信号灯所发出的光束。然而，真相并非如此，由于光速是固定不变的，这是一个实验事实，所以在我们的这个例子里，总速度一定比我们所期望的速度值小，它不能超过极限值c。因此，我们可以得出结论，即使对于比较小的速度，古典的速度相加定理也一定是错的。

关于这个问题的数学处理，我还不想在这里细讲，但是我可以讲的是，这里形成了一个非常简单的新公式用来计算两个叠加运动的合成速度。

如果V_1和V_2分别代表两个要相加的速度，那么合成的总速度为：

$$v = \frac{v_1 + v_2}{1 + \frac{v_1 v_2}{c^2}} \qquad (1)$$

通过这个公式你可以看出，如果原来的两个速度都很小，我的意思是它们与光速相比而言很小，那么公式(1)的分母中的第二项与1相比，就可以忽略不计。这时，你便得到了古典速度相加定理。但是，如果$v1$和$v2$这两个速度都不算小，那么结果就总是比这两个速度的算术和要小。就拿我们那个在火车顶上奔跑的人举例子，$v_1 = \frac{3}{4}c$ 和 $v_2 = \frac{3}{4}c$ 上式得出的速度 $v = \frac{24}{25}c$ ，这个速度还是比光速小。

在一种特殊的情况下，当原来的两个速度中有一个速度是光速c时，不论另一个速度是多少，公式(1)得出的合成结果都是光速c。因此, 不管叠加多少个速度, 我们永远都不可能超越光速。

你可能乐于知道, 这个公式在实验室中已经得到证实, 实验证明两个速度的合成速度总是小于它们的算术和。

既然我们意识到速度上限的存在, 我们就可以开始对古典时空概念进行批判, 第一枪就要对准以古典时空概念为基础的同时性概念。

当你说这句话: "开普敦矿井发生爆炸, 与鸡蛋火腿被送到你在伦敦的公寓, 是同时发生的。"你认为你知道自己在说什么。然而, 我要告诉你的是, 你并不知道自己在说什么。严格来说, 这句话没有什么真正的含义。实际上, 你是通过什么方法检验发生在两个不同地点的事件是不是同时发生的呢? 你可能会说, 只要发生这两件事时, 这两个地点的时钟都指向了同一个时间就好。但是, 这就产生了一个新的问题: 如何让两个相距甚远的钟表在同一时间指向同一时刻呢? 如此一来, 我们又回到原来的问题上了。

既然我们已经知道真空中的光速不依赖于光源的运动和测量系统的状态, 这是一个确定了的最精确的实验事实, 那么接下来我们要讲到的测量距离和核对两地时钟的方法, 可以被认为是最合理的方法。如果你再多想一想, 你就会同意, 这也是唯一合理的方法。

设想一束光信号从A站发射至B站, 此信号一到达B站就立刻返回A站。那么, 从发射光信号到其返回A站所用的时间的一半, 乘以光速这个不变量, 就可以得到A站到B站的距离。

如果当光信号到达B站时, 当地的钟表正好指在A站发出信号和接收信号时间的平均值时刻, 我们就说A站和B站的时钟对准了。对建立在同一刚体上的不同的观察站, 通过使用这种方法对准时钟, 我们最后得到我们想要的参考系,在这个参考系下,我们就可以回答两地同时性的问题和发生在不同地点的两件事的时间间隔问题了。

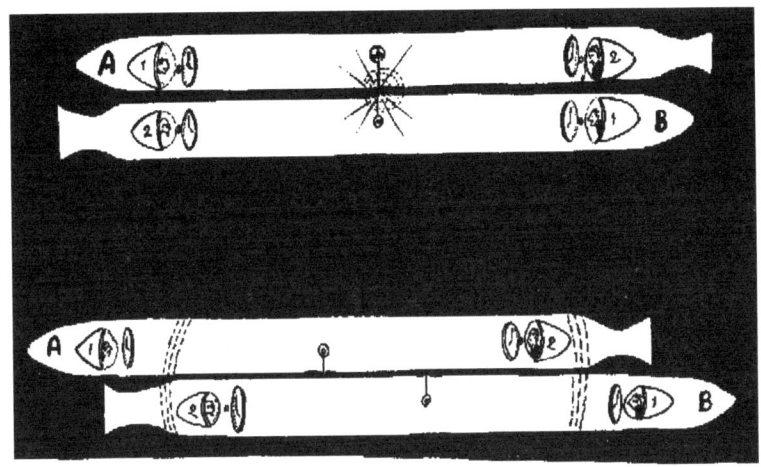

向相反的方向移动的两个长平台。

但是,另外一个参考系的观察者会不会认可这些结果呢? 为了回答这个问题,让我们假设两个参考系建立在两个不同的刚体上,比如说两艘长火箭以一定的速度向彼此相反的方向移动。再假设有四个观察者分别分布在每艘火箭的头尾两端,他们首先想要把他们的钟表对准。每艘火箭中的两位观察者都可以使用上面提到方法的修改版:通过量尺测量出火箭的中点位置,并在这个位置同时向首尾两端发射光信号,当首尾两端的观察者接收到来自火箭中点的光信号时,将这一时刻设置为手表的零点。因此,根据前面的规定,每对观察者都规定好了他们自己参考系中的同时性标准,并且对准了他们的手表,当然了,这是从他们各自的参考系出发。

现在他们决定看看各自火箭上的时间读数是不是和另一艘火箭

上的读数相符。例如，当不同火箭上的两个观察者彼此擦肩而过时，他们手表上的时刻是一致的吗？这个可以通过以下的方法测试得到：在每艘火箭的几何中点各安装一个带电导体。这样的话，当两艘火箭彼此掠过时，两个导体间会跳过一个电火花，电火花的光信号同时从火箭的中部向首尾两端传播。当光信号以固定速度传播，被观察者观察到时，两艘火箭的相对位置已经发生了改变，如上图所示，观察者2A和2B相对于光信号的位置要比观察者1A和1B更近一些。

很显然，当光信号到达观察者2A时，观察者1B离光信号还有一段距离，所以光信号需要一些额外的时间来到观察者1B。因此，如果当光信号到达观察者1B时，他才将手表调零，那么观察者2A就会坚持说观察者1B的手表比正确的时间延后了。

同样，对于另一个观察者1A来说，光信号先到达观察者2B，所以观察者1A会得出结论说观察者2B的手表比自己的提早了。根据他们自己对同时性的定义，他们自己手表的设定都是正确的，所以，A火箭的观察者会认为B火箭上的观察者的手表时刻和自己的不同。但是，我们不应该忘记的是，B火箭上的观察者出于同样的原因，认为自己手表上的时间是对的，而声称A火箭上的手表设置与自己不同。

既然这两艘火箭是完全平等的，那么要解决两组观察者之间的分歧，就只能说是从他们自己的观点出发，都是正确的。而若要找出谁是"绝对"正确的，则没有任何物理意义。

我怕我的这番冗长的论述让你们感到厌烦，但是如果你认真跟随我的思路，你就会清晰明了，一旦我们采用了这种时空的测量方法，绝对同时的概念就会消失。在一个参考系中被认为同时发生在不同地点的两件事，在另一个参考系看来，是被固定的时间段分隔开的两件事。

这个观点乍一听来是非常反常的，但是如果我这样说：你在一列行驶的列车上吃饭，你在餐车的同一个位置喝了汤、吃了甜点，但是在铁路看来，却是在两个相距很远的地方吃下去的，这样你还会觉得反常吗？其实，这个你在列车上吃东西的陈述可以换一种说法，在一个参考系上看来，发生在同一个地点、不同时间的两件事，在另一个参考系看来，是被一段距离分隔开的两个地点发生的两件事。

如果你用这个"正常"的说法和之前"矛盾"的说法作比较，你就会发现它们完全是互相对称的，而且只需要将"时间"和"空间"两个词对换一下，就可以将一种说法转化成另外一种。

下面我们来总括一下爱因斯坦的观点：虽然在古典物理学中，时间被认为是不依赖于空间和运动的东西，它是"永久均匀流动的，与外物无关"（牛顿语），但是在新物理学中，时间和空间被非常紧密地联系在一起，表现为一种均匀的"时空连续统"的两个不同的截面，所有我们能观察到的事件都只是发生在这两个截面上罢了。

将四维连续统分割成三维的空间和一维的时间纯粹是主观的做法，这与进行观察时所在的参考系有关。

在一个参考系看来，在空间中由距离l和时间间隔t分隔开来的两个事件，在另一个参考系看来，变成了在空间中由另一个距离l'，和另一个时间间隔t'分隔开来。所以从某种程度上讲，我们可以说是把时间和空间相互转换了。同样我们也不难看出，为什么把时间转换为空间对我们来说（比如那个在列车上吃饭的例子）是个很普遍的概念。但是如果把空间转换为时间（这会导致同时性变成相对的）似乎十分反常。重点是如果我们以"厘米"为单位测量距离，所对应的时间单位就不应该是常用的"秒",而是一种"合理的时间单位",以光信号传播了1厘米距离所用的时间来表示,即0.000 000 000 03秒。

所以,在我们日常生活的经验中,空间间"隔转换为时间间隔所产生的结果是非常不易察觉的,这似乎就证明了时间是某种绝对独立并且恒定不变的"这种古典观点。

然而,当我们研究非常高速的运动时,比如说放射性物质所发射出的电子的运动或者是原子中的电子的运动,特定时间间隔内走过的距离与同用合理时间单位所表示的时间属于同一个数量级,在这些情况下,我们一定会遇到上面讨论的那两种效应,相对论理论就变得非常重要了。即使在速度相对较低的领域,例如研究我们太阳系中行星的运动,由于极其精确的天文观测,相对论效应也可以被观察得到。不过,这些相对论效应的观测,需要测量出行星运动每年有几分之一弧秒的变化。

我试图告诉你们的是,对于古典时空概念的批判产生了一个结论,那就是空间间隔可以被部分转换为时间间隔,反之亦然。也就是说由于运动参考系的不同,测量得到的距离和时间的数值也有所不同。

对于这个问题进行相对简单的数学分析,就可以得出一个计算这些变化特定的公式,但是在这里我就不赘述了。这就证明了对于任何一个长度为l、相对于观察者的运动速度为v的物体,它的长度(在运动方向上)都会缩短,缩短的数值取决于它的速度,也就是它测量到的长度是

$$l' = l\sqrt{1 - \frac{v^2}{c^2}} \qquad (2)$$

$$t' = \frac{t}{\sqrt{1 - \frac{v^2}{c^2}}} \qquad (3)$$

类似地，一个需要时间t完成的过程，在一个做相对运动的参考系中观察就会变得需要一个更长的时间t'，如公式（3）给出。

这就是相对论中著名的"空间缩短（尺缩）"和"时间延长（钟慢）"效应。

在通常情况下，当速度v远小于光速c时，这些效应微乎其微，但是当速度足够大时，在相对运动的参考系中观察到的物体的长度会变得很短，而事件的过程所花费的时间会变得很长。

我希望大家不要忘记的是，这两种效应是完全对称的，也就是在一列高速运动的火车上的乘客会感到奇怪，为什么那些在月台上的人那么瘦、动作那么慢，而站在月台上的人对于高速火车上的人也会有同样的想法。

另一个可能存在的最大速度所导致的重要结果是移动物体的质量变化。

根据力学的一般基础原理，一个物体的质量决定了这个物体开始运动或加速的难度。质量越大，使其增加一定速度的难度也就越大。

在任何情况下，任何物体的速度都不能超过光速的事实，使我们直接得出了这样一个结论，那就是当物体的速度接近光速时，进一步加速的阻碍，或者说物体的质量，一定是在无限制地增加。数学分析得出了一个表达这之间关系的公式，它很像上面提到的公式（2）和（3）。如果m_0是很小速度下的质量，那么当速度等于v时，物体质量m表示为

$$m = \frac{m_0}{\sqrt{1 - \dfrac{v^2}{c^2}}} \qquad (4)$$

当v接近于光速c时，物体进一步加速时的阻碍（即质量）就会变

得无限大。

这个质量发生相对论变化的效应，很容易在实验室中通过高速运动的粒子观察到。我们来举个例子，放射物质发射的电子质量（其速度是光速的99%）是静态下电子的好几倍，而形成所谓的宇宙射线的电子的速度通常能达到光速的98%、99%，其质量也远远大于静态下的电子质量。可见，在这些速度下，古典力学已经变得完全不适用了。由此，我们进入了纯相对论领域。

第三章　汤普金斯先生度了个假

汤普金斯先生感觉他在相对性城市的冒险经历十分有趣,但有些遗憾的是那位老教授没能同他一起,为他解释他所看到的那些怪事:尤其是那个司闸员如何能使乘客不变老之谜,一直困扰着他。很多个夜晚,当他去睡觉时都希望自己能再次拜访那个有趣的城市,但是他很少做梦,而且仅有的几个梦大多都很不愉快。上一次他梦见银行经理要炒他的鱿鱼,因为他把银行账目弄得乱七八糟……所以现在他认定他最好请个假,去哪个海边待上一个星期。正因如此,现在他坐在火车的包厢里,看着窗外市郊灰色的屋顶渐渐地被乡村绿茵茵的牧场取代。他拿起一份报纸阅读了起来,试图对越南冲突的报道提起了兴趣,但是这篇报道看起来实在沉闷。此时火车摇摇晃晃,摇得他很舒服……

过了一会儿,他放下报纸并再次看向窗外,发现景色已经大大改变了。电线杆离得很近,看起来就像是一排篱笆。那些树木都顶着狭小的树冠,就好像意大利柏树那样修长。而坐在他对面的是他的老朋友——那位教授,正饶有兴致地看向窗外。教授大概是在他认真读报纸的时候进来的吧。

"我们现在在相对论的世界了。"汤普金斯先生说,"对吧?"

"噢!"教授惊呼道,"你已经知道这么多了!你是怎么知道的?"

"我来过这里一次,但是,那次没有你陪同我一起旅行这么幸运。"

"那么这次你可能要做我的向导了。"教授说。

"我可不这么想,"汤普金斯先生反驳说,"我上次看见了很多反常的事,但是我询问的当地人根本就不能理解我的问题。"

"这再正常不过了。"教授说,"当地人出生在这个世界,他们认为周围发生的所有现象都是理所当然的。但是我可以想象要是他们能来到你生活的世界,他们同样也会震惊不已,这里对他们来说太不可思议了。"

"我能问你一个问题吗?"汤普金斯先生说,"上次我在这里时,遇到了一个铁路司闸员,他坚持说由于火车走走停停,使得车上的乘客比城市里的人老得更慢。这是魔法还是符合现代科学的呢?"

"永远也不要把魔法当成借口来解释啊。"教授说,"这现象直接来自物理定律。爱因斯坦在他的新的(或者我应该说这个世界本来就有,只不过是新发现的)时空概念的分析中提到过,当一个参考系的速度发生变化时,在这个参考系中发生的所有物理进程都会慢下来。在我们的世界里,这些效应微乎其微,几乎观察不到。但是在这儿,因为这里的光速很小,这些效应通常就十分明显。我举例来说,假设你想要在这煮一个鸡蛋,如果你快速地来回移动平底锅而不是让它静止在火炉上,那么你可能要花6分钟而不是5分钟,才能把它煮熟。同样,如果一个人坐在(比如说)一把摇晃的椅子或者一列火车上,这种速度不断改变的地方,那么他体内的所有进程都会慢下来,在这样的环境中衰老就会变慢。但是,因为所有的过程都减缓到相同的程度,所以物理学家们更愿意说在非匀速运动的系统中,时间流动的速度会更慢。"

"但是在我们世界的科学家们真的观察到了这种现象了吗?"

"是的,但是需要相当多的技巧。从技术角度讲,要达到足够的加速度很难,但是与非匀速运动的系统中产生的现象很像,或者我应该说一模一样,是在很大的重力下所产生的结果。你可能注意到了,当你在一个急速加速的电梯里向上运行时,似乎使得你变得更重了,相反地,如果电梯开始向下运行(如果绳索断了感觉更强烈),你会觉得自己好像变轻了。这件事的解释是:这里的重力场是在地球重力的基础上,增加或者减少加速度所产生的。而且,太阳上潜在的重力要比地球表面大得多,所以,太阳上所有的进程都应该会比较慢,天文学家确实观察到了这一点。"

"但是他们总不能到太阳上去观察吧?""他们不需要到那儿去,他们只要观察从太阳照射过来的光。太阳光是由太阳大气中不同原子的振动发出的,如果那里的进程都比较慢,那么原子振动的速度也会减慢,通过比较太阳光和地球上的光源发出来的光,就可以看出差异。顺便问一下,你知道……"教授停了下来,"你知道我们现在经过的这个小站叫什么名字吗?"

此时火车正在驶过一个乡村小站的月台,站台上没什么人,只有站长和一个坐在行李手推车上看报纸的年轻搬运工。突然,站长将双手举向空中,然后一下子面朝下扑倒在地。汤普金斯先生没有听见枪声,可能是被火车的噪声淹没了,但是汤普金斯先生真切地看见站长的身体涌出了一摊血。教授迅速地拉下紧急刹车阀,火车猛地停了下来。当他们走下火车时,那年轻的搬运工人正向尸体跑去,一名乡村警察也正向这边赶过来。

"子弹正中心脏。"警察检查过尸体后说,然后用一只大手按住了搬运工的肩膀,继续说,"我宣布我现在以谋杀站长的名义逮捕你。"

"我没有杀他,"这个倒霉的搬运工叫道,"听见枪声的时候我正在看报纸,这两位从火车上下来的绅士可能目睹了一切,他们可以证明我的清白。"

"是的。"汤普金斯先生说,"站长被射杀的时候,我亲眼看见这个年轻人正在读报纸。我可以对《圣经》发誓。"

"但是你刚才是在行驶的火车上。"警察用权威的语气说,"所以你看见的完全不能当作证据。从月台上看,这个男人可能正好在那个瞬间开枪。难道你不知道事件的同时性取决于你是从哪个参考系上观察吗?乖乖地走吧!"他对那个搬运工说。

"对不起,警察先生。"教授打断说,"可是你一定是弄错了,我认为到了警察局,他们可不会喜欢你的疏忽。当然,在你们的国家,同时性的概念是高度相对的,两件发生在不同地方的事是否同时发生取决于观察者的运动状态,这也没错。但是,就算在你们国家,也没有哪个观察者能在起因之前看见结果。你永远不能在一封电报还没寄出的时候就收到它,对吗?或者说,你能在还没打开酒瓶之前就喝醉吗?按照我对你的理解,你认为由于火车的运动,我们先看见站长被击毙,然后我们再看见射击的行为。而实际情况是,当我们看见站长倒下以后就马上下了火车,我们仍旧没有看见是谁开的枪。我知道在警察部队里,你们被要求只相信写在指令里的东西,但是你仔细看看指令,也许你能找到与目前情况相关的说明。"

教授的口吻让警察十分震惊,于是,他从口袋中掏出指令手册,逐字逐句地读了下去。很快,他的那张大红脸上露出了尴尬的笑容。

"在这儿呢。"他说,"第37章第12节第5段:'如果在犯罪时或时间间隔$\pm d/c$时间内(c是自然速度极限,d是嫌疑人距离案发现场的距离),嫌疑人被看见在做另一件事,则不论证据是否来自运动的参考系,都可以视为嫌疑人无罪的完备证据。'"

"你可以走了,好小子。"他对那名搬运工说,然后转向教授说,"先生,非常感谢你,不然,我在警察局会有麻烦的。我刚当警察不久,对这些规定还不熟悉。但是不论怎么样,我都要上报这起谋杀案。"然后他走过去打电话。不一会儿,他朝着月台这边喊道,"一切都解决了!他们在凶手逃离火车站的时候抓住了他。再次感谢你们!"

"我可能是太笨了。"火车重新开动时,汤普金斯先生说,"但是这件事与同时性的关系是怎么回事?在这个国家里,难道同时性真的没意义吗?""有关系,"教授回答道,"但是只是在一定范围内,否则我根本没办法帮助那个搬运工。你瞧,任何物体的移动或者任何信号的传递都存在着一个自然速度极限,这使得同时性失去了它普通字面上的意义。举个例子你可能更好理解一些,假设你有一个朋友住在一个很远的城市,你可以与他书信联系,邮政列车是最快到达的交通工具。现在假设你在星期天的时候发生了一件事,而且你知道这件事也会发生在你的这位朋友身上。显然在星期三之前你没办法联系到他,而另一方面,如果他事先知道这件事会发生在你身上,那么最晚他能通知你的时间是上一个星期四。所以,有6天的时间,也就是星期四到下星期三,你的朋友既不能影响你星期天的命运,也不能得知你的情况。从这个因果关系的角度出发,我们说,他有6天的时间与你断绝了联系。"

"那通过电报不是更快吗?"汤普金斯先生建议道。

"但是,我已经假定邮政列车是最大可能速度了,这在这个国家是成立的。而在我们的老家,光速则是最快的速度,没什么比无线电信号跑得更快了。"

"但是我还是不懂,"汤普金斯先生说,"就算没什么比邮政列车的速度更快,这跟同时性又有什么关系?我和我的朋友还是可以在周日同时吃晚餐，不是吗？"

"不，这样你的说法就已经没有任何意义了，也许有的观察者会同意，但是对于一些其他的观察者，他们在不同的火车上进行观察，他们会坚持说在你周日吃晚饭的时候，你的朋友正在吃周五的早饭或者周四的午饭。但是无论怎么样，都没有人能在三天以外观察到你和你的朋友同时在吃饭。"

"但是，这怎么可能？"汤普金斯先生难以置信地叫道。

"这很简单，就像是在我的讲座中讲到的。在不同运动参考系中观察到的速度上限，必定是完全相同的……"

但是，因为火车到达了汤普金斯先生该下车的站，他们的对话被打断了。

来到海边度假的第一个早晨，汤普金斯先生来到酒店楼下那个长长的玻璃露台吃早餐，一个意外的惊喜在等着他。在对面角落里的那张餐桌边上，坐着那位老教授和一个漂亮的姑娘，那姑娘正和老教授聊着什么开心事，眼睛时不时地看向汤普金斯先生坐的方向。

"我昨天在火车上睡着了，一定看起来很傻。"汤普金斯先生心想，他越想越生自己的气，"教授可能还记着昨天我问他关于变年轻的愚蠢问题，但是这至少给了我一个机会，让我能借这个机会跟教授多接触接触，把我搞不懂的问题问清楚。"他甚至都不愿意承认，除了和教授交谈，他另有企图。

"噢，是的是的，我记得我在讲座上见过你。"当他们要离开餐厅时，教授说，"这是我的女儿，慕德，她正在学习绘画。"

"很高兴认识你，慕德小姐。"汤普金斯先生说，他觉得这是他听过的最美的名字，"我想这周围的环境一定了你很多创作灵感吧。"

"有时间她会给你展示她的作品的。"教授说,"但是你得告诉我,你从我的讲座中学到了很多东西吗?"

"哦,是的,我学到了很多。事实上,我有一次拜访了一个光速只有10英里每小时的城市,在那里我就亲身经历了所有物体都在相对性收缩的现象,还有那些钟表都非常奇怪的现象。"

"那你千万别错过我接下来的讲座,是关于空间曲率还有它和牛顿重力学的联系,否则就太可惜了。"教授说,"但是在沙滩上我们还有时间,所以我可以把这些都讲给你听。比如说,你理解空间正曲率和负曲率是怎么回事吗?"

"爸爸!"慕德小姐嘬起了嘴巴,"如果你再讲物理的那些事,我就要去工作了。"

"好吧,闺女,你去吧。"教授说着坐进一把休闲椅里,"小伙子,我知道你学过的数学不多,但是我可以用非常通俗的语言解释给你听,简单起见,用物体表面举例子。让我们想象壳牌先生,知道,他是开加油站的,我决定看看他的加油站在一些国家是不是分布均匀,就说是美国吧。为了达到目的,他给他在国家中部(我想,一般人会认为堪萨斯城是美国的中心)的办事处下了一个指令,让他们去数一数距离市中心一百英里、两百英里、三百英里以内有多少家加油站。他记得在上学的时候学过,圆形区域内的面积是与半径的平方成正比的,所以他认为如果加油站的数量是均匀分布的话,那么得到的加油站数量应该是像数列1, 4, 9, 16, ……那样的增长。但是,当报告送过来时,他很惊讶地发现加油站实际的数量的增长比想象的慢得多。我们说它的数列是1, 3.8, 8.5, 15.0这样增长。'这是怎么搞的!'壳牌先生惊呼,'我在美国的经理们不懂他们的业务, 他们以为把加油站都集中在堪萨斯市中心是什么好主意吗? '但是他的结论是正确的吗? "

美国随处可见的加油站。

"正确吗? "汤普金斯先生重复了一遍, 其实他心里还在想着别的事情。

"不正确。"教授严肃地说, "他忘记了地球的表面不是平的, 而是一个球面。而在相同半径的情况下, 球面表面积随半径的增长要比平面表面积随半径的增长慢得多。你真的没看出这一点吗? 好吧, 你拿一个球, 自己好好试试看。例如, 如果你在北极, 那么半径等于经线的一半时的那一圈就是赤道, 它所包含的区域就是北半球。如果把半径增加到2倍, 你就会得到整个地球的面积了。这个面积只增加到了2倍, 而不像平面那样可以增加到4倍, 现在你明白了吗? "

"我明白了。"汤普金斯先生说, 他正尽力集中注意力, "那么这个是正曲率还是负曲率? "

"这叫作正曲率, 就像你从这个球的例子中看到的, 它是具有确定面积的有限表面。而负曲率对应的例子是一副马鞍。"

"一副马鞍?"汤普金斯先生重复道。

"是的,马鞍,或者是在地球表面上,两座山之间形成的鞍形山口。假设有一个植物学家,住在坐落于鞍形山口的小房子里,他对小房子周围松树的生长密度很感兴趣。如果他数一数距离小房子一百米,两百米等等的范围内松树的数量,他就会发现松树数量的增长要比按距离的平方规律的增长快得多,这儿的问题在于,鞍形的表面积要比同样半径的平面面积大。如果你想要把一个鞍形表面铺在平面上,有些地方就需要折叠起来,而你若是想把一个球形表面铺平,如果它没有弹性的话,你可能需要撕开一些裂口才行。"

"我明白了。"汤普金斯先生说,"所以你的意思是说鞍形表面虽然是曲面,但它是无限的。"

"就是这样。"教授表示同意,"一个鞍形表面可以在所有方向上无限延展,并且永远不能闭合。当然,在我的例子中,当你走出山口,表面就不再具有负曲率了,而你就会走到具有正曲率的地球表面了。但是,你当然可以想象一个到处都保持负曲率的表面是什么样的。"

"不过,它是怎么应用到一个弯曲了的三维空间中的呢?"

"方法完全相同,假设有一些物体在空间中均匀分布,我的意思是任意两个相邻物体的距离都是相等的,再假设你想数出离你不同距离的空间内的物体数量。如果这个数量与距离的立方成正比,那么这个空间就是平坦的。如果它比距离的立方更慢或者更快,那么这个空间具有正曲率或者负曲率。"

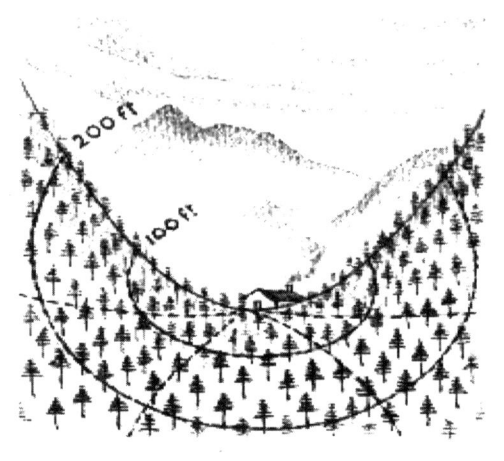

建在鞍形山口的山间小屋。

"所以，如果空间具有正曲率，那么在一定的距离之内的体积就比较小，而负曲率的空间中，体积就会大一些咯。"

"正是这样。"教授面露笑容，"现在我看你已经正确理解我的话了。想要研究我们生活的伟大宇宙空间的曲率是正还是负，人们只需要数清楚不同距离内的天体数量。你可能听说过巨大的星云，它们在空间中均匀分布，一直到距离我们几十亿光年的星云，我们都能看到。在研究这个宇宙的曲率时，它们是非常方便的天体。"

"所以最后证实了我们的宇宙是有限的并且能自己闭合的吗？""这个……"教授说，"这个问题其实还没能解决。在爱因斯坦宇宙学的原本的论文中提到宇宙是有限的体积，可以自动闭合，并且不随时间变化。后来有一位俄国的数学家亚历山大·弗里德曼，他在的研究中发现，爱因斯坦的基础公式显示，在宇宙衰老的过程中，宇宙有可能是膨胀或者收缩的。这个数学上的结论后来被美国天文学家爱德温·哈勃证实，他用威尔逊天文台的100英寸的望远镜发现星系是彼此飞散的, 距离越拉越远, 也就是说我们的宇宙是在膨胀的。但是这里还存在一个问题, 那就是这个膨胀是无限进行下去的还是会达到一个临界值, 然后在未来的某个时刻开始转向收缩。这些问题只有通过一些更详细的天文观测才能解答。"

就在教授说话的过程中, 一些非常不寻常的改变发生在他们周围: 酒店大堂的一端变得极其的小, 把所有的家具都挤压了进去, 而另一端变得无比的大, 对于汤普金斯先生来说, 好像整个宇宙都能放进来。一个可怕的想法钻进他的脑子: 要是慕德小姐画画的那片沙滩被从这部分宇宙中撕掉了怎么办? 他就永远无法见到她啦! 于是他冲向门口, 这时他听见教授的声音从他背后传来: "小心! 量子常数也变得疯狂了! "当他到达那片沙滩时, 一开始觉得似乎十分拥挤, 有无数个女孩东逃西散。"这么多人我要怎么样才能找到我的慕德? "他心想。但是后来他竟然发现她们全部和教授的女儿长得一模一样, 然后他意识到这只是不确定性原理开的一个玩笑。接下来, 这个无比巨大的量子常数风波终于过去了, 慕德小姐站在沙滩上, 眼睛里充满惊恐。

"噢, 是你啊! "她舒了一口气, "我以为刚才有很多人冲向了我, 可能是我的头被太阳晒晕了的缘故, 等一下, 我跑去酒店拿我的遮阳帽。"

"噢, 不, 我们现在不应该离开彼此。"汤普金斯先生提议, "我感觉光速也被改变了, 当你从酒店回来, 你可能发现我已经是个老头了! "

"胡说。"女孩说, 但还是拉住了汤普金斯先生的手。但是在他们回酒店的路上, 另外一股不确定性的浪潮追上了他们, 汤普金斯先生和那女孩被打散在岸边。同时, 空间开始从山丘附近被大片地折叠起来,把周围的岩石和渔民的房子弄成了一些十分可笑的形状。太阳光被巨大的重力场弯折，从海平面上完全消失了，然后汤普金斯先生陷入了无尽的黑暗中。

很长时间过去了，直到一个亲切的声音把他的意识带回现实。

"嗨！"教授的女儿说，"我看是我爸爸用他物理学的高谈阔论把你送进梦乡了，你想不想来和我游一会儿泳？今天的海水舒服极了。"

汤普金斯先生像弹簧一样从休闲椅中跳了起来："原来那只是个梦啊。"他们向沙滩走去时，他想，"还是梦境刚刚开始？"

第四章　教授关于弯曲空间和宇宙的讲座

女士们、先生们：

今天我要讨论的问题是弯曲空间及其与引力现象的联系，我相信你们每一个人都很容易地想象出一条弯曲的线和一个弯曲的面，这一点我是不怀疑的。但要是提到三维的弯曲空间，你们的脸就会拉长了，你们更倾向地认为，它是一种很不寻常甚至超自然的东西。是什么原因让弯曲空间让人觉得"讨厌"呢？难道这个概念真的比曲面的概念更难吗？如果你们稍微想一下，很多人都可能会说，你们认为弯曲空间很难想象，是因为不同于观察一个球面或者一个马鞍形的曲面，你们不能"从外面"来观察弯曲的空间。然而，说这些话的人只是暴露了自己不知道空间曲率的严格数学意义罢了，但是实际上，这个词的数学意义与它的普通用法的差别还是很大的。我们数学家如果说某个面是弯曲的，那就是说在它表面上所画的图形的几何性质与平面上所画的同一图形的几何性质是不同的。在这里，我们用欧几里得古典法则的偏离程度来测量曲率的大小。如果你在一张平坦的纸上画一个三角形，通过几何学的基本原理，我们知道这个三角形三个角之和等于两个直角的和。你可以把这张纸弯曲成一个圆柱形、圆锥形甚至是更复杂的形状，但是画在这张纸上的三角形的三个角度之和还是等于两个直角的和。

一个表面上的几何图形不随着上述形变而发生改变，从"内在"曲率的观点上出发，形变后得到的面（一般概念认为是曲面）实际上和平面是一样平坦的。但是如果你不拉伸一张纸，你就无法把它合适地贴在一个球形表面或者马鞍形表面。除此之外，如果你想在一个球面上画一个三角形（也就是球面三角形），简单的欧几里得几何学定理就不再成立了。事实上，我们可以用一个三角形举例，它是由北半球的两条经线和它们中间的这一小段赤道线组成，那么这个三角形的底边的两个角都是直角，而它的顶角可以是任意角度。

与球面正相反，马鞍形表面上，你会惊喜地发现，三角形的三个角之和永远小于两个直角之和。

所以，想要确定一个表面的曲率，研究这个表面上的几何性质是必不可少的，而只从外观上观察往往会产生错误。仅从外观上观察，你可能会把圆柱面与环面归为一类，但是实际上圆柱面是平面，而环面是无法矫正的曲面。一旦你熟悉了这种新的严谨的曲率概念，你就不难理解物理学家在讨论我们生活的空间是不是弯曲的时候，他们是什么意思了。他们讨论的问题关键，只不过是要找到这个物理空间中的几何图形是什么，然后去查明欧几里得几何学的基本定律还是否成立。

然而，既然我们谈到真实的物理空间，我们就必须首先给几何学中的词语下一个物理定义。尤其是，我们把直线的概念可以理解为构成我们身体的线条。

我猜你们所有人都知道，直线被最普遍地认为是两点之间的最短距离，可以通过在两点之间画一条线得到，或者通过等效但是更精确的方法，通过试验在两个给定的点之间找到一条线，然后沿着这条线头尾相接放置给定长度的测量尺，找出要填满这条线所需的最小数量。

为了表明这些找直线的方法所产生的结果是依赖于物理条件的，让我们想象一张很大的圆形转台，绕着它的轴匀速地转动着，一个实验者想要找到靠近这个圆台边缘的两个点之间的最短距离。他有一个装着很多小木棍的盒子，每个小木棍有5英寸长，实验者试图用最少数量的小木棍，从一个点出发，用小木棍排成一条线到达另一点。如果圆台不转动的话,他可以排成一条直线,如下图的虚线所示。

科学家们正在一个旋转的圆盘上测量[1]。

但是由于圆盘的转动,这些小木棍会产生相对论尺缩,正像我在上一次演讲中提到的那样。而那些靠近圆盘边缘(因此具有更大的线速度)的小木棍会比靠近中心的收缩得更厉害。因此,很清楚的是,为了让小木棍能覆盖最大的距离,人们需要尽量把它们放在尽可能靠近中心的位置(因为越靠近中心位置,小木棍的收缩量越小,小木棍可以覆盖的长度越长,所需的木棍数量越少)。但是,因为连线的两端都被固定在了圆盘边缘,所以如果把小木棍从直线上移得太过靠近中心位置(意味着小木棍连成的线太过弯曲),也是不利于使用最少数量的小木棍的。

因此,通过这两个条件的互相平衡可以得到这个实验的结果,那就是当圆盘转动时,圆盘上两点的最短距离由略微向中心凸出的曲线表示。

1.Hookham's Circus胡卡姆转盘,这个名字指的是约翰·胡卡姆先生,他曾担任剑桥大学出版社的插画师,并在退休之前绘制了许多装饰本书的插图。

如果这个实验不用单独的小木棍完成，我们的实验者会在所讨论的两个点之间拉伸一根弦，结果显然是相同的，因为弦的每个部分都会受到与单独的小木棍相同的尺缩。这里我想强调一点，当圆盘开始旋转时，发生的拉伸弦的变形与离心力的影响毫无关系。事实上，（不同于离心力的影响）这种变形不会随着弦拉伸的松紧程度而变化，更不用说普通的离心力只会在相反的方向上起作用。

现在，如果在圆台上的观察者决定将他获得的"直线"与光线进行比较来检查他的结果，他会发现光线确实沿着他构造的线传播。当然，对于站在平台旁边的观察者来说，光线看起来根本不会弯曲。他们会将圆台上的观察者的结果解释为圆台的旋转与沿直线传播的光线的重叠，而且他们会告诉你，如果你用手在旋转留声机唱片上划一条直线，唱片上的划痕将会是一条曲线。

然而，对旋转的圆台上的观察者而言，将他获得的曲线命名为"直线"是再合适不过了，它是最短的距离，并且它确实与参考系中的光线重合。现在假设他选择圆盘边缘的三个点，将它们用直线相连形成一个三角形。在这种情况下，三角形三个角之和要小于两个直角之和，所以观察者可以得出结论，他周围的空间是弯曲的。

再举一个例子，让我们假设圆盘上的另外两个观察者（如上图3号和4号）决定通过测量圆盘的周长和它的半径来估算数值。观察者3号的测量小木棍不会受到选择的影响而发生尺缩，因为旋转的运动方向总是垂直于这些小木棍的方向。另一方面，（由于圆周方向与旋转方向相同）4号观察者那儿的小木棍总是收缩的。所以，在旋转时他所得到的圆盘周长比非旋转时的周长要长。用4号观察者得到的周长，除以3号观察者得到的直径，得到的结果比通常教科书中给出的 π 值要大，这也是空间曲率的结果。

不只是长度测量会受到旋转的影响，在圆盘边缘的测量者具有较大的线速度，根据前面讲座的内容，圆盘边缘观察者的手表要比站在圆盘中心的观察者更慢。

如果4号和5号这两个观察者都站在圆盘中心，将他们的手表彼此对准，然后5号观察者戴着他的手表走到圆盘边缘，当他再回到圆盘中心的时候，他会发现自己的手表比一直待在圆盘中心的4号观察者的手表要走得慢。他会因此得出结论，在圆盘上不同位置的物理进程的速率各有不同。

假设我们的实验到此为止，让我们想一下他们在几何测量实验中所得到的反常结果的原因。再假设把他们的圆台封闭起来，做成一个没有窗户的旋转房间，在房间中的实验者们不能看见他们相对于周边环境的运动。他们完全不知道自己所在的房间是建立在一个相对于"地面"旋转的圆台上的情况下，他们能否将所有观察到的结果完全理解为圆台上物理条件的原因？

找到他们圆台上的物理条件和"地面"上的不同之处，就可以解释观察到的几何变化的原因，现在他们可以马上注意到，有某种新的力量试图把所有物体从圆台的中心拉向边缘。当然，他们将观察到的效应归因于这种力量的作用。例如，两块手表的效应，远离中心位置的手表会走得更慢，那么就可以说，这种力量是从中心处指向外面的。

但是，这种力量真的是一种新的力量、在"地面"上没有发现吗？难道我们不是一直都能观察到所有的物体都被一种叫"重力"的力量吸引向地球内部吗？当然，在这种情况下，我们观察到一种向圆盘边缘的吸引力，还有一种向地球内部的吸引力，但是这只意味着力量分布的差异。然而，不难给出另外一个例子，其中由非匀速运动的参考系所产生的"新"的力量与这间演讲厅里的重力看起来完全相同。

假设有一艘专门进行星际探索的宇宙飞船，它自由地在远离所有恒星的空间中飘浮着，所以飞船中不受任何的引力作用。这艘飞船中的所有物体，包括在其中旅行的实验人员都不受任何重力，他们可以像儒勒·凡尔纳的著名小说中的阿尔丹和他的同伴飞往月球那样，在空气中自由飘浮。

现在发动机打开了，我们的宇宙飞船就要开始移动，它逐渐加速。那么飞船内部会发生什么呢？很显然，只要飞船处在加速状态，其内部的所有物体都倾向于向飞船底部的方向移动，或者换一种方式表达，飞船底部会向物体的方向移动过来。举个例子，如果我们的实验人员手里拿一个苹果，然后放手，苹果会继续（相对于周围的恒星）以恒定不变的速度运动——这个速度是放开苹果时飞船的运行速度。但是当飞船本身开始加速时，其结果是舱内的底部在整个时间内运动得越来越快，最终赶上苹果并撞上它。从这个瞬间起，苹果就会一直和地面保持接触状态，并且由于稳定的加速度而紧贴在地面上。

飞船底部最终会赶上苹果，并撞上它。

　　然而，对于飞船中的实验人员来说，这看起来就像是苹果以一定的加速度"掉落"下来，并且在砸到地上后，靠它自身的重量压在地面上。多掉落几个不同的物体后，实验人员就会进一步发现所有的物体都以完全相同的加速度掉落（如果忽略空气中的摩擦力），于是他就会想到，这正是伽利略发现的自由落体定理。事实上，实验人员根本不能够发现加速船舱里的现象和一般重力现象的细微差别。他还可以使用带钟摆的钟表，把书放在书架上而不用担心它们飞落，还可以把爱因斯坦的肖像挂在钉子上。大家知道，是爱因斯坦首先指出参考系中的加速度和重力场是等效的，并且在这一基础上，发展出了所谓的"广义相对论。"

但是，就像在第一个关于旋转圆台的例子那样，我们将会观察到一些伽利略和牛顿在他们研究重力时不知道的现象。这里，穿过船舱的一束光线会弯曲，并且会随着飞船加速度的不同，投射到挂在对面墙上屏幕的不同位置。而在船舱外面的观察者，当然会理解这是因为匀速直线运动的光和飞船的加速运动叠加的结果。几何图形在这里也会变得不正常，一个由三条光线组成的三角形的三个内角和会比两个直角之和大，而一个圆的周长与它直径的比值也会大于通常的 π 值。在这里，我们已经考虑了加速系统中两个最简单的例子，但是上面所述的等效性，在任何一个给定的刚性或者不可变形的参考系中都适用。

现在我们来到了这个问题最重要的部分，我们刚才已经见到，在一个加速的参考系中，可以观察到很多在一般重力场中无法观察到的现象。那么，像是光线的弯曲或者钟表的减慢这些新的现象，在可测质量形成的引力场中是否还存在呢？或者换句话说，这些加速效应与重力效应是否不只是相似，甚至是一样的呢？

当然，可以明确的是，虽然从探究的角度出发，很容易接受这两种效应是完全相同的，但是只有通过直接的实验才能给出最终答案。并且为了充分地满足人类的思想，需要宇宙规律的简洁性和内部一致性，实验需要证实这些新现象同样存在于普通重力场中。当然，加速场和引力场的等效性假说预测到的效应非常小：这就是为什么它们只有在科学家开始特别关注它们之后才被发现。

通过上面讨论的加速系统的例子，我们可以很容易估计出两个最重要的相对论引力现象的数量级：钟表速率和光线曲率的变化。

首先，以旋转的圆台为例，从初等力学得知，作用在一个质量为1，距离中心的距离为r的粒子上的离心力，可由以下公式给出：

$$F = r\omega^2 \qquad (1)$$

这里的 ω 是旋转圆盘的固定的角速度。离心力在粒子从圆盘中心运动到圆盘边缘的所做的总功为:

$$W = 0.5R^2\omega^2 \qquad (2)$$

这里的R是圆盘的半径。

根据上面所说的等效性原理,我把F定义为圆盘上的引力,把W定义为圆盘中心和边缘之间的引力势之差。

现在,我们必须记住的是,正如我们在上一场讲座中讲的那样,以速度v运动的时钟比静止的时钟走得慢,减慢的因子记为:

$$\sqrt{1 - \left(\frac{v}{c}\right)^2} = 1 - \frac{1}{2}\left(\frac{v}{c}\right)^2 + \ldots \qquad (3)$$

$$1 - \frac{1}{2}\left(\frac{R\omega}{c}\right)^2 = 1 - \frac{W}{c^2} \qquad (4)$$

如果v远小于光速c,我们就可以省略第二项及以后的项。根据角速度的定义,v=Rω,公式(3)就可以写成公式(4),公式(4)用圆盘中心和边缘的引力势差来表示时钟速率的改变。

如果我们把一个时钟放在地下室,另一个放在埃菲尔铁塔的顶端(1000米高),则两者的势差非常小,所以在地下室的时钟的减慢因子只有0.999 999 999 999 97。

而另一方面,地球表面和太阳表面的势差就非常大了,这里的时钟减慢因子等于0.999 999 5,这是非常精密的测量仪器可以测出的。当然,没有人会跑到太阳表面上放置一个普通的时钟,看它走得怎么样。物理学家们有一些更精妙的方法。我们可以通过分光镜观察到太阳表面不同原子的振动周期,并将它们与位于实验室本生灯火焰中的相同原子的振动周期作比较。与太阳表面的原子振动周期相比较，应该具有由公式（4）给出的减慢因子，而且这些原子发出的光比地面上的原子所发出的光应该更红一些。这种"红移"现象已经在太阳光谱中被真实地观察到了，从其他可以精确测量到光谱的恒星，也观察到了这种效应，并且其结果完全符合理论公式给出的值。

因此，红移现象的存在证明了由于太阳表面的引力势能更高，太阳上发生的进程确实更慢一些。

为了更方便地测量引力场下光线弯曲的程度，我们使用之前提到的宇宙飞船的例子。如果l是船舱的跨距，那么光线走过这段距离所用的时间t为：

$$t = l/c \qquad (5)$$

在这段时间内，飞船以加速度g加速运动，飞过的距离为L，通过初等力学公式可以得出：

$$L = \frac{1}{2}gt^2 = \frac{1}{2}g\frac{l^2}{c^2} \qquad (6)$$

所以，表示光线传播方向改变的角度具有以下的数量级：

$$\phi = \frac{L}{l} = \frac{1}{2}\frac{gl}{c^2} \text{弧度} \qquad (7)$$

光在引力场中走过的距离l越长，光线传播方向的改变角度越大。当然，这里的飞船的加速度g应该解释为重力加速度。如果我发射一束光线穿过这个演讲厅，我可以粗略地取l=10米。重力加速度g在地球表面是9.81米/秒^2，光速c=3×10^{8}米/秒，我们可以得到

$$\phi = \frac{100 \times 981}{2 \times \left(3 \times 10^{10}\right)^2} = 5 \times 10^{-16} \text{弧度} = 10^{-10} \text{弧秒} \qquad (8)$$

从这里可以看出，这种情况下，光线的曲率是必定无法观察到的。然而，靠近太阳表面的g=270米/秒^2，而且光线穿过太阳的引力场所走的距离很长。经过精确的计算得到，穿过太阳表面的光线发生的偏转值应该是1.75弧秒，这与天文学家在全日食时观察到的、太阳附近的恒星表视位置的位移值完全吻合。在这里还可以看出，观察结果显示，加速场效应和引力场效应完全相同。

现在我们可以再次回到空间曲率的问题了，你们应该还记得，通过直线最合理的定义我们可以得出结论，通过非匀速运动的参考系得到的几何图形与欧几里得几何学图形不同，因此应该认为这样的空间是弯曲空间。既然任何引力场都等效于某种加速度参考系，这也意味着任何具有引力场的空间都是弯曲空间。或者进一步说，引力场只是空间曲率的一个物理表现。因此，每一个点的空间曲率都应该由质量的分布决定，在质量很大的天体附近，空间曲率也应该达到极大值。描述弯曲空间的性质和它们与质量分布的关系的数学系统比较复杂，我在这里就不详细讲述。我只想提一点，这个曲率总体来说不只取决于一个量，而是10种不同的量，它们通常被称为重力势能的分量$G_{\mu v}$，它们是经典物理学中重力势能的通常表示方法，我在前面称之为W。与之相应的是，在每个点上的曲率由十个不同的曲率半径来描述，通常记作$R_{\mu v}$。这些曲率半径与质量分布的联系由爱因斯坦基本方程给出：

$$R_{\mu v} - \frac{1}{2} g_{\mu v} R = -kT_{\mu v} \qquad (9)$$

公式中的$T_{\mu v}$取决于密度、速度和由质量产生的引力场的其他性质。

在这次讲座的最后，我想要指出公式(9)中两个最有趣的结论。

如果我们考虑的是一个均匀分布着质量的空间, 就比如我们这个分布着恒星和星系的宇宙。我们可以得出这样的结论, 除了在分散的恒星周围偶然有较大的曲率以外, 空间在正常情况下应该具有在大距离上均匀弯曲的趋势。从数学角度说, 公式(9)有几个不同的解, 有几个解对应的空间是最终自己闭合的, 因此它们具备有限的体积。而另一些解代表的是类似于马鞍形表面的无限空间, 这个空间结构我在讲座的开头提到过。公式(9)的第二个重要结论就是, 弯曲空间应该处于稳定的膨胀或者收缩状态, 从物理学的角度上讲, 意味着在这空间中的粒子应该不断互相飞离, 或者正相反, 彼此靠拢。更进一步说, 这可以说明在具备有限体积的封闭空间中, 膨胀和收缩是周期性互相交替出现的, 这也就是所谓的"脉动宇宙"。另一方面, 无限的"类马鞍形"空间则是永远处在收缩空间或膨胀状态的。

这些数学上的不同可能的解, 究竟哪个是我们所生活的宇宙, 这个问题不应该由物理学来回答, 而应该由天文学告诉我们答案, 我不准备在这里讨论。但是我想要说的是, 有天文学的证据显示, 到目前为止, 我们的空间是膨胀的。不过, 这个膨胀是否会转为收缩, 以及空间的大小究竟是有限的还是无限的, 这两个问题仍旧是谜团。

第五章　脉动的宇宙

在海滨酒店住的第一天晚上，汤普金斯先生和老教授在晚餐后谈起了宇宙学，又和他女儿讨论了艺术，最后汤普金斯先生终于回到了自己的房间，瘫倒在床上，拉开一张毯子盖在头上。在他疲惫的头脑中，波提切利[1]和邦迪[2]、达利[3]和霍伊尔[4]、勒梅特[5]和拉封丹[6]全部搅在一起，最后他终于沉沉地睡去了……半夜的某个时候，他突然醒了过来，感觉自己不是睡在舒服的弹簧床上，而是睡在了硬邦邦的东西上。他睁开眼睛，起初他以为自己躺在了海边的礁石上，后来他发现身下真的是一块大石头，直径为30米，悬浮在周围的空间中，没有什么看得见的支撑。这个大石头上布满了青苔，有些地方的石头缝里还长出了小灌木丛，在石头周围的空间里闪烁着微弱的光，雾气沉沉。事实上，他从没见过空气中有这么多灰尘，甚至在美国中西部沙尘暴的电影里也没见过。他拿起手帕盖在鼻子上，然后感觉舒服多了。但是，在他周围的空间中有比尘埃更危险的东西。经常有他脑袋那么大甚至更大的石头从他那块石头旁边旋转飞过，偶尔还有几块石头会撞到他的那块岩石，发出一种奇怪的、沉闷的响声。他还注意到有一两块石头和他的那块石头差不多大小，在离他不远的地方飘浮着。在这一整段时间里，他都在仔细地观察周围的情况，并且紧紧地抱着大石头上突出的棱角，生怕跌落下去，坠入满是尘埃的深渊里去。但过了不久，他鼓起勇气，试

1.桑德罗·波提切利(1446~1510)，15世纪末佛罗伦萨的著名画家，意大利肖像画的先驱者。

2.赫尔曼·邦迪(1919~2005)，英国数学家，出生于维也纳。

3.达利(1904~1989)，西班牙超现实主义绘画大师。

4.弗雷德·霍伊尔(1915~2001)，英国著名天文学家。后面还会提到他。

5.乔治·勒梅特(1894~1966)，比利时天文学家和宇宙学家，他提出现代大爆炸理论。

6.拉封丹(1621~1695)，法国古典文学的代表作家之一，寓言诗人。

图爬到他那块大石头边缘去看看下面是不是真的没有任何东西支撑。当他爬过去的时候，十分惊讶地注意到他并没有跌下去，尽管他已经爬过了大石头周长的四分之一，但是他一直都被自己的体重牢牢地挤压在岩石表面。在他最初发现自己身处的地方的反面有一些松散的石头堆成的山脊，从山脊的后面看过去，他发现在空中没有任何东西支撑着这块岩石。然而令他惊讶的是，闪烁的微光中透出他朋友老教授的高大身影，这位老教授显然低着头站在那儿，在他的袖珍笔记本上写着什么。

现在汤普金斯先生开始渐渐明白了，他记得在他上学的时候，学过地球就是一块大圆石头，在空间中自由地绕着太阳转动。他还记得南北极在地球两侧正相对的图像，对了，他所在的大岩石就是一块非常小的行星，把周围的一切吸到它的表面，而他和老教授是这个小星球上仅有的两个居民。这让他舒了一口气，至少他不会有坠落下去的危险了！

"早上好，"汤普金斯先生说，他想把老人的注意力从他的计算中转移过来。

教授从笔记本上抬起目光，"这个地方没有早上。"他说，"这个宇宙里没有太阳，也没有一颗能发光的恒星。还好这里的物体表面都在发生一些化学反应，否则我也没办法观察这个空间的膨胀了。"然后他再次低头回到了他的笔记本上。

汤普金斯先生感觉非常不高兴，他好不容易找到了这个宇宙里的另一个活人，但是此人却对他这么冷淡！出乎意料的是，有一颗小流星帮了他的忙，随着一道击打的声音，它撞上了教授手中的笔记本，把它打了出去，笔记本飞快地划过空间，飞到他们的小行星之外去了。汤普金斯先生说："现在你再也见不到它了。"他说，看着笔记本落进深渊，变得越来越小了。

"正相反。"教授回答说，"你看，我们所在的空间不是无限延伸的。噢，是的是的，我知道你在学校里学过空间是无限大的，还有两条平行线是不会相交的。但是，不论是在其他人生活的那个空间还是在我们现在的这个空间，这都是不对的。当然了，前者的确非常的大，据科学家们估计，它现在的尺寸大概有 1×10^{22} 英里，对于普通人来说，这确实是无限大。如果我在那里丢了我的笔记本，它就需要花非常非常长的时间才能回来。但是在这里情况就不一样了，就在笔记本离开我手里之前，我刚算出来这个空间的直径只有5英里长，尽管它是快速膨胀着的。我估计那个笔记本用不了半个小时就会飞回来。"

这里没有早上。

"但是。"汤普金斯先生有点冒昧地说，"你的意思是说，你的笔记本会像澳大利亚的回旋镖一样，在空中划出一道弧线，落回你的脚边？"

"没那回事。"教授回答说，"如果你想要知道究竟是怎么回事，想想一个不知道地球是个球形的古希腊人，假设他指示一个送信人一直向北走直线，要是他发现这个人最终从南边走了回来，想象他会有多么震惊。我们的古希腊人并没有环游世界（在这里，我的意思是环游地球）的概念，所以他确信送信人一定是在半路迷路了，然后绕了一段弯路回到了这里。实际上，他的手下一直都沿着他能找到的地球表面最笔直的路线走下去，但是他恰巧环游了世界，因此从相反的方向走了回来。我的笔记本也会发生同样的情况，除非它在半路撞到了其他的石头，那么它就会直接反弹回来。给你一副望远镜，看看你是否还能看见那个笔记本。"

"汤普金斯先生把望远镜放在了眼前，透过那些几乎挡住视线的尘埃，他终于看见了教授的笔记本，穿过空间朝很远的地方飞去。令他有些惊奇的是，所有物体上都有一层粉红色，包括在很远处的那个笔记本。"

"啊！"过了一会儿，他惊叫道，"你的笔记本要回来了，我看见它越来越大了。"

"不。"教授说，"它还在往远处飞，你看它在变大，就好像它在往回飞，实际上是因为在封闭球形空间里，光线的"独特聚焦效应"。让我们回到那个古希腊人的例子上吧，如果光线一直沿着地球表面弯曲着行走，比如说是大气层的折射作用吧，那么他就可以用高倍数的望远镜，在送信人的整个旅途过程中都看见他。如果你观察地球仪，你就会发现地球仪表面最直的线——经线，一开始从地球仪的一个极点分散开来，但是经过赤道后，又开始朝着对面的极点汇聚了。如果光线沿着经线传播，比如说你站在一个极点，会看见远离你的人在越过赤道之前，变得越来越小。在他到达赤道后，你就会看见他变得越来越大了，就好像他在往回走，但是却背对着你。在他到达对面的极点，你会看到他好像就站在你旁边。然而你无法触摸到他，就好像你不能触摸到球面镜中的影像一样。根据这个二维的比喻，你就可以想象光线在奇怪的弯曲了的三维空间中会发生什么事情了。现在，我想那本笔记本的影像应该很近了。"事实上，放下望远镜，汤普金斯先生也可以看见那个笔记本只有几米远了。但是，它看起来确实非常的奇怪！笔记本的边缘模糊不清，就好像被水洗过一样，教授写在本子上的公式也很难辨认，整个笔记本看起来就好像是焦距没对准、又没显影好的照片一样。

"现在你看见了。"教授说，"这只是笔记本的像，光线穿过了半个宇宙，笔记本的像已经严重失真了。如果你想再确认一下，你可以注意看笔记本后面透出的石头。"

汤普金斯先生试图触摸到笔记本，但是他的手毫无阻碍地穿过了笔记本。

"这笔记本本身呀，"教授说，"现在已经非常接近这个宇宙在我们对面的极点了，在这里你看到的只是它的两个像。第二个像就在你身后，当这两个像重合时，真正的笔记本就正好在我们对面的极点的位置了。"汤普金斯先生并没有听到教授说的话，他深深地沉浸在思绪中，努力地回忆在初等光学中，物体的像是如何通过凸面镜和透镜形成的。最后他终于放弃了，这时那两个像又向相反的方向退回去了。

"但是，是什么让空间弯曲，并且产生这些有趣的现象？"他问教授。

"是由于可测质量的存在。"教授回答，"当牛顿发现万有引力定律的时候，他认为重力只是一种普通的力，比如说，就好像两个物体之间由于弹簧拉伸产生的力是同一类型。然而总有一个难以解释的事实，所有的物体不论重量和尺寸，都有相同的加速度，在重力的作用下以相同的方式运动，当然，是指你忽略空气阻力等这类东西的情况下。是爱因斯坦最先阐明，有质量物体最基本的作用是产生空间曲率，而且所有的物体在重力场中运动的轨迹发生弯曲的原因，只是由于空间本身是弯曲的。但是你不知道足够的数学知识，我想这些对你来说太难理解了。"

"确实是这样。"汤普金斯先生说，"但是请你告诉我，如果没有物质，那么我在学校学的几何学还成立吗？平行线是不是也永远都不会相交呢？"

"它们不会相交。"教授回答说，"不过也没有什么物质能验证这一点了。"

"好吧，也许欧几里得也从来没存在过，所以才能创造虚无空间中的几何学？"

但是，教授显然不喜欢讨论这些形而上学的东西。

与此同时，笔记本的像又开始沿着原来的方向远去，然后又一次开始往回飞了。现在，它看起来更模糊了，几乎很难辨认出来，按照教授的说法，是由于这一次的光线已经环绕整个宇宙了。

"如果你再回头看一次，"教授对汤普金斯先生说，"你就会看见，我的笔记本在完成它环游宇宙的旅行后终于回来了。"他伸出手抓住了笔记本，把它揣到口袋里。"你看，"他说，"在这个宇宙里有太多尘埃和碎石，差点就不能让我们看见周围的世界了。你可能观察到我们周围的这些形状不定的影子，他们可能就是我们和周围物体的像。但是这些像被尘埃和不规则的空间曲率破坏得十分严重，以至于我也看不出哪个物体对应哪个像了。"

"在我们曾经居住的那个大宇宙里，也有同样的现象出现吗？"

"噢，是的。"教授回答道，"但是那个宇宙实在太大了，光要花十亿年才能走上一周。如果没有镜子，你也是可以看见你脑袋后面的头型是怎么样的，只不过在你理发后还要等上个十亿年，另外，很有可能星际间的尘埃会完全挡住你等待的画面。顺便说一句，一位英国的天文学家甚至曾经猜想过，半开玩笑地说：'我们现在天空中可以看见的一些星星，只不过是很久很久以前存在过的恒星的像'。"

汤普金斯先生努力理解着教授的话，很快就疲倦了。于是他看向周围，令他十分惊讶的是，天空的景象显著地变化了。周围的尘埃似乎变少了，他拿下一直盖在脸上的手帕。周围飞过的小石头也变少了，撞击到他们这块大岩石表面时的能量也小了很多。最后，他一开始就发现的那几块与他们这块岩石差不多大小的大石头也离他们远去了，飞到很远的地方几乎看不见了。

"好了，现在这里的生活变得更舒服了。"汤普金斯先生想，"我一直很害怕这周围飞过的石头会打到我身上，你能解释一下周围的变化是怎么回事吗？"他转向教授问道。

"非常简单，我们的小宇宙在急速地膨胀，自从我们来到这里，这里的直径已经从五英里扩大到了一百英里了。刚到这里时，我就从远处物体的变红注意到这种膨胀了。"

"对了，我也看见远处的一切都变成粉红色了。"汤普金斯先生说，"但是为什么这表示膨胀了呢？"

"你有没有注意到，"教授说，"向我们驶来的火车的汽笛声调很高，但是当火车经过你身边，汽笛的音调就变低很多？这就是所谓的多普勒效应：音调的高低取决于声源的速度。当整个空间都在膨胀时，所有物体都会以正比于它距观察者距离的速度向远处移动，因此，由这些物体发射出的光也会变红，从光学角度上讲，这对应着较低的频率。物体距离我们越远，它移动得越快，在我们看来也就变得越红。我们原来居住的那个宇宙也在膨胀，这种变红的现象，我们也叫它"红移"，使得天文学家能够估计出很远处的星系的距离。比如说，离我们最近的星系，所谓的"仙女座"星系，显示出0.05%的红移，这意味着光线要走80万年才能走完的距离。但是，还有一些星系达到了现代天文望远镜的极限，它们的红移达到了15%，相当于100亿光年的距离。据推测，这些星系差不多位于大宇宙周长的一半的位置，而据地球上的天文学家们所知，它们的总体积占整个宇宙体积的相当一部分。目前它膨胀的速度大约是每年0.000 000 01%，也就是说每秒钟它的半径都会扩大一千万英里。相比之下，我们小宇宙的膨胀要快得多，它的半径每分钟都会扩大1%。"

"这个膨胀永远都不会停止吗？"汤普金斯先生问。"当然会的。"教授说，"然后收缩就会开始了，每一个宇宙都会在一个非常小和一个非常大的半径之间脉动，对于大宇宙来说，脉动周期会很长，大概几十亿年吧，但是我们小宇宙的脉动周期大约只有两个小时。我认为我们现在观察到的是膨胀到最大的状态，你注意到现在有多冷了吗？"

事实上，这个宇宙中充斥着的热辐射，现在分布在一个很大的体积中，所以分到他们这个小行星上的热量很少，因此周围的温度差不多在冰点左右。

"我们很幸运。"教授说，"原来这里的热辐射是足够多的，所以在膨胀到这个状态下我们还能有一些热量，否则就会冷到我们这块大石头周围的空气都凝结成液体，我们就会冻死在这儿。但是收缩已经开始了，不一会儿就又变得热起来。"

汤普金斯先生看向天空，发现所有远处的物体都改了颜色，从粉红色变成了紫色，根据教授的解释，这是因为所有的天体都开始向他们这边移动。他又想到教授刚才讲的开过来的火车汽笛声调高的比喻，不由得害怕颤抖起来。

"如果一切都开始收缩了，难道我们不应该想到，很快这个宇宙里所有的大石头都会向我们飞来，然后我们就会被压得粉碎吗？"他焦虑地询问教授。

"确实是这样。"教授淡定地回答，"但是我想在那之前，这里的温度就会高得将我们两个分离成一个个分散的原子了。这就是我们那个大宇宙末日的缩影——所有的一切都会混成一团均匀的热气团，只有新的膨胀开始时，才会重新出现生命。"

"我的天啊！"汤普金斯先生嘟囔着，"你提到过，在我们的大宇宙里，要经过几十亿年才会有末日，但是这里对我来说太快了！就算我穿着睡衣，我已经感觉太热了。"

"你最好别脱下来。"教授说，"这于事无补的，你躺下来尽可能地多观察观察吧。"

汤普金斯先生没有回答，热空气让他喘不过气来，现在尘埃变得更加密集了，堆积在他的周围，他感觉自己好像裹在一条温暖的毯子里。他用力挣脱，发现自己的手暴露在冷空气中。

"我在这个不友好的宇宙里打了个洞吗？"第一个念头冲进他的脑袋。他想要问问教授这是怎么一回事，但是却找不到对方。相反，在隐约的晨光中，他认出了这个熟悉的卧室里家具的轮廓。他正躺在自己的床上，紧紧地裹着一条羊毛毯子，好不容易才把一只手挣脱出来。

"膨胀带来的新生活开始了。"他想。他还记得老教授的话:"感谢上帝,我们还在膨胀中!"然后他起床洗了个澡。

第六章　宇宙之歌

第二天吃早餐的时候，汤普金斯先生告诉教授他前一天晚上的梦境，教授充满怀疑地听着。

"坍塌的宇宙，"他说，"当然是个非常戏剧性的结局，但是我认为星系相互衰退的速度实在是太高了，所以现在的膨胀不会变成坍塌，并且随着空间中星系分布得越来越稀疏，宇宙将会继续膨胀到超出任何极限。当所有形成星系的恒星都耗尽核燃料时，宇宙将变成寒冷且黑暗的天体聚集体，分散在广袤无限的空间中。"

"然而，有些天文学家却不这么认为。他们提出了所谓的"稳态宇宙论，"根据这种理论，宇宙在时间上是保持不变的。今天我们所看见的宇宙与无限远的过去存在的宇宙所处的状态基本相同，并将继续存在于无限远的未来中。当然，这和大英帝国维持世界现状的古老原则相一致，但是我倒不太相信这种"稳态理论"的正确性。顺便说一下，这个新理论的创始人之一，剑桥大学的理论天文学教授，写了一部关于这个主题的歌剧，下周就会在考文特花园首映了。不如你给慕德和你自己预订两张票去听一听？大概会非常有趣。"

他们从海边回来的几天，天气就像海峡的海滩边一样凉爽多雨，汤普金斯先生和慕德舒服地靠在歌剧院的红色天鹅绒椅子上，等待舞台幕布缓缓升起。前奏匆忙响起，管弦乐团的领队需要在音乐结束之前两次更换礼服的领子。最后舞台的帷幕终于拉开，观众席的每个人都不得不用手遮住眼睛，舞台上的光实在太耀眼了。舞台上照射出的强烈光线瞬间充满了整个大厅，一楼和整个剧院楼厅都变成了光辉灿烂的海洋。

汤普金斯先生看见一位穿着黑色教士服和文职领男人。

　　接着，整体的光线渐渐暗淡下来，汤普金斯先生才发现自己显然
飘浮在黑暗的空间里，空间被许多快速旋转的火炬照亮，这些火炬就
好像夜晚节日使用的火轮一样。此时，听起来像风琴声的管弦音乐不
知从什么地方响了起来，汤普金斯先生看见离他不远处站着一位穿着
黑色教士服和文职领的男人。按照节目单上的剧本，他是来自比利时的
勒梅特，他最先提出膨胀宇宙的理论，这个理论通常也被称为"大爆
炸"理论。

　　汤普金斯先生还记得他抒情曲的第一节：

　　　　噢，万物之源的原子啊！

　　　　包含万有的原子啊！

　　　　分裂成了极小的碎片。

星系在形成，

带着最初的能量！

噢，放射状的原子啊！

噢，包含万有的原子啊！

噢，宇宙原子，

是上帝的创造！

漫长的演变，

强烈的爆炸，

留下灰烬和不灭的暗火。

我们站在中心，

望着远去的恒星，

想去忆起，

那辉煌的最初。

噢，宇宙原子，

是上帝的创造！

勒梅特神父结束了他的抒情曲后，上来了一位高个子的年轻人，他（按照剧本的说明）是一位俄国物理学家，名叫伽莫夫，过去30年一直居住在美国。他唱道：

尊敬的神父，我们的见解，

在许多方面都一致。

宇宙一直在膨胀

从它诞生之日开始。

宇宙一直在膨胀，

从它诞生之日开始。

你说宇宙在运动中膨胀，

很抱歉我不同意，

而且我们有分歧，

关于它是如何形成的。

而且我们有分歧，
关于它是如何形成的。

是中子流体，
而不是你说的宇宙原子。
它是无限的，一如过往，
它无限悠久的历史。
它是无限的，一如过往，
它无限悠久的历史。

在无限大的看台上，
气体迎来坍塌的命运，
几十亿年以前，
达到最密集的气态。
几十亿年以前，
达到最密集的气态。

宇宙空间光芒万丈，
在那个关键时刻。
光远超过物质，
它们完全不可比。
光远超过物质，
它们完全不可比。

每一吨光辐射，
才有一小点儿物质，
直到那伟大的原始跳动，
推动了宇宙的膨胀。
直到那伟大的原始跳动，
推动了宇宙的膨胀。

于是光缓慢地暗淡，
一亿年过去了……
在那普照的光下，
物质得到充足供应。
在那普照的光下，
物质得到充足供应。

然后物质开始冷凝，
正如琼斯假说。
巨大的气云在分离，
形成原始的星系。
巨大的气云在分离，
形成原始的星系。
原始星系被打散，
飞向漫漫夜空。
恒星形成后又分开，
宇宙空间充满光明。

恒星形成后又分开，

宇宙空间充满光明。

星系旋转不止，

恒星燃烧到最后。

直到宇宙变稀薄，

没有生命，又黑又冷。

直到宇宙变稀薄，

没有生命，又黑又冷。

汤普金斯先生记得第三段抒情曲是这部歌剧的作者唱的，他从闪闪发光的星系中间处，突然凭空现身出来，然后从他的口袋里掏出一个"新诞生的星系"，并且唱道：

我们的宇宙，奉天之命，

不是在过去形成，

而是过去、将来都永久存在——

因为邦迪、戈尔德和我，

噢，这宇宙，这永恒的宇宙，

我们要把稳恒态的宇宙颂扬！

古老的星系分崩离析，

燃成灰烬，退出舞台。

我们的宇宙却一直在，

过去，现在，将来，直到永远。

噢，这宇宙，这永恒的宇宙，

我们要把稳恒态的宇宙颂扬！

新的星系还在压缩，

无中生有，一如往昔。

（勒梅特和伽莫夫，请别见怪！）

一切存在，都将永远。

噢，这宇宙，这永恒的宇宙，

我们要把稳恒态的宇宙颂扬！

尽管这些诗歌令人振奋，周围空间中的星系还是渐渐熄灭了。最后，天鹅绒的帷幕降了下来，歌剧大厅里的烛台取而代之。

"哦，西里尔，"他听到慕德说，"我知道你随时随地都能睡着，但你不应该睡在考文特花园！你整场演出都在睡！"

当汤普金斯先生把慕德送回她爸爸的房子时，教授正坐在他那张舒服的沙发椅中，读着手里新出的月刊杂志。"回来了，演出怎么样？"他问道。

"噢，好极了！"汤普金斯先生说，"我对那段曾经存在过的宇宙的抒情曲印象尤其深刻，听起来真的让人感到欣慰。"

"你要小心这些理论。"教授说，"难道你不知道那句谚语：'不是所有发光的都是金子'？我刚刚在读一篇剑桥人马丁·赖尔写的文章，他建了一个巨大的射电望远镜，可以定位比到帕洛玛山天文台200英寸光学望远镜的可视范围大好几倍距离的星系。他观察到这些非常遥远的星系彼此之间的距离，比我们这附近星系彼此间的距离更近。"

"你的意思是，"汤普金斯先生问，"我们这里的宇宙区域星系的数量更少，并且当距离我们越来越远时，这个数量密度会增加？"

"不是这样。"教授说，"你一定要记住，由于光的速度有限，当你看向空间深处，你也是在看向时间深处。举个例子来说，因为光从太阳照射到这里需要八分钟，所以地面天文学家观察到的太阳表面的耀斑，延迟时间为八分钟。一个位于'仙女座'的螺旋星系，你一定在天文学书籍中看到过它的照片，它位于距离我们大约一百万光年的地方,它是距离我们最近的"太空邻居",它的这些照片显示的实际上是它一百万年前的样子。所以,赖尔所看到的,或者我应该说他通过他的射电望远镜听到的声音,对应的是存在于千亿年前宇宙遥远区域的情况。如果宇宙真的处于稳定状态,那么图像应该不随时间改变,而且现在观察到的非常遥远的星系在空间中的分布相比于近距离的星系,应该既不密集也不稀少。所以,赖尔的观察表明在遥远处的星系似乎比近处空间中更密集的情况,存在于数千万年前遥远的过去,所有地方的星系都在空间中更密集地聚集在一起。这与"稳态理论"相违背,而支持了早先的观点——星系正在分散且它们的数量密度在降低。但是当然了,我们一定要有严谨的态度,等待赖尔的结论进一步确认。"

"顺便说一下,"教授继续说,从他的口袋里抽出一张折好的纸,"这是我一个出口成章的同事最近写的关于这个主题的一首诗。"

然后他读道:

> "你那些辛苦的岁月,"
>
> 赖尔[1]对霍伊尔[2]"全是浪费时间,请相信我。
>
> 稳恒态宇宙理论
>
> 已经过时了。
>
> 除非我的双眼欺骗了我。"

1.马丁·赖尔(Martin Ryle, 1918~1984),英国天文学家。发明了双天线射电干涉仪,研制成功最大变距为1.6千米的综合孔径射电望远镜,综合孔径射电望远镜的诞生开创了射电天文学的新纪元。因这一重大贡献,他荣获1974年诺贝尔物理学奖。——译者注

2.弗雷德·霍伊尔(Sir Fred Hoyle, 1915~2001),英国著名天文学家,曾担任英国皇家天文学会会长。他在1948年与赫尔曼·邦迪和汤米·戈尔德一起创立了稳恒态宇宙模型,后两人的名字在歌词和诗中都有提及。——译者注

我的天文望远镜，

破灭了你的希望，

你的信条被驳倒了。

让我坦白告诉你：

我们的宇宙

日渐增长，越来越稀薄！

霍伊尔说："你只会引用

勒梅特和伽莫夫。

我的天，忘掉他们！

那是错误的想法，

他们的宇宙大爆炸理论——

为什么要帮助支持他们？"

"你知道，我的朋友，

宇宙没有结束，

亦无开始，

正如邦迪、戈尔德和我

所持的观点，

直到我们年逾古稀！"

"你说得不对！"赖尔大声说，

带着生起的怒火

和紧张的语气，

"遥远的星系，

如我们所见，

越来越紧密地靠在一起！"

"你让我很生气！"

霍伊尔爆发了。

把他的观点重申：

"新的物质产生，

每天每夜，

宇宙的画风未变！"

"别胡说了，霍伊尔！

我还是会挫败你。"

（有趣的开场了？）

"用不了多久，"

赖尔继续说，

"我会让你彻底清醒！"[1]

　　"好吧。"汤普金斯先生说，"我很期待看见这场争辩的结果如何。"然后他在慕德的脸颊上吻了一下，并祝他们晚安，便离开了。

1.本书第一次印刷出版的两周前，弗雷德·霍伊尔的一篇题为《宇宙学的最新进展》的文章发表在1965年10月9日的《自然》杂志。霍伊尔写道："赖尔和他的同事们已经计算了射电源……这个射电的计算结果表明宇宙在过去比现在更加密集。"然而，作者决定不改变"宇宙之歌"抒情曲的路线，因为一旦写成，歌剧就会成为经典。事实上，苔丝狄梦娜在被奥赛罗杀害之后，在现在的歌剧里，她去世前还唱了一首美丽的抒情曲。

第七章　量子碰撞

有一天，汤普金斯先生结束了在银行漫长的一天工作，他们正忙着做房地产方面的业务，回家的路上，他感到十分疲惫。当他路过一家酒吧时，决定进去喝杯啤酒。一杯接着一杯，不久汤普金斯先生就有些醉意了。在酒吧的后院有个台球房，里面有很多人穿着套袖围在中间的台子上打台球。他隐约记得很久以前来过这里，那是他的一个同事带他来的，教他打台球。他走到台子旁，开始看他们怎么打。突然，奇怪的事发生了！一个人把台球放在台子上，然后用球杆击球，看着那个台球滚动时，他惊讶地发现，那个台球开始旋转着"散开"了。"散开"是他看见那个球的奇怪现象时能想到唯一的词，那个台球滚过绿色的台毯，似乎变得越来越模糊，失去了它的轮廓。看起来好像不是一个球在滚动，而是很多个彼此部分重叠的台球一样。他以前也见过类似的情况，但是今天他一滴威士忌也没碰，他不知道怎么会这样。"好吧，"他心想，"让我们看看这个松垮的球怎么撞击另外一个吧！"

那个打球的人显然是个高手，那个滚动的球按计划刚好把另一个球打个正着，并且发出了响亮的撞击声，原来静止的球和撞击球（汤普金斯先生不能确定哪个是哪个）都向"四面八方"滚去。是的，这非常奇怪，现在不再是两个看起来松散的台球了，而似乎有无数个球，它们都非常模糊且松散，而且在撞击方向的180°角的范围内滚了出去，就好像一条特殊的波浪从撞击点向外扩散出去一样。

然而，汤普金斯先生注意到，在原来撞击的方向上，台球的流量最大。

"S波的散射。"一个熟悉的声音从他背后传来，"就是现在。"汤普金斯先生回头认出了那个人就是教授。

白球向四面八方滚去。

汤普金斯先生喊道: "这里又有什么东西弯曲了吗? 我看台球桌是平的啊。"

"你说得没错。"教授回答说, "这里的空间是平的, 而你观察到的其实是量子力学现象。"

"噢, 矩阵!"汤普金斯先生自嘲地说道。

"或者说, 运动的不确定性。"教授说。

"这个台球房的主人收集在这里的东西都患了'量子象牙症', 如果我能这么说的话。其实, 自然中的一切物体都遵循量子定律, 但是所谓的量子常数对那些现象所起到的作用是非常非常小的。事实上, 量子常数的数值是一个小数点后有27个0的数字。但是, 这些台球的常数要大得多——差不多等于1。所以你可以轻松地用眼睛看见, 而在科学上，只有通过非常灵敏、精密的观察方法才能发现得到。"讲到这儿，教授沉思了一会儿。"我并不是要评判。"他继续说，"但是我想要知道这个人是从哪儿弄到这些球的。严格地说，这些球是不可能存在于我们的世界中，因为在我们的世界中，一切物体的量子常数都是一个很小的值。"

"可能他从其他的世界进口来的。"汤普金斯先生提醒说，但是教授并不满意，仍旧持怀疑态度。"你已经注意到了，"他继续说，"这些台球'散开'了。这意味着它们在台子上的位置是不确定的。你不能精确地指出台球的位置，最多你只能说，这个台球'基本在这儿'以及'有可能在别处'。"

"这是十分反常的。"汤普金斯先生喃喃道。

"正好相反。"教授坚持说，"这绝对是很正常的，从某种意义上说，任何物体都会发生这种现象。只不过由于量子常数的数值非常小，而且普通观察方法比较粗糙，人们并不会注意到这种"测不准性"。所以，他们会得到一个错误的结论：位置或者速度永远可以被准确测量的。其实从某种程度上说，这两者总是有测不准性的，一个量测得越是准确，另一个量就越分散，而量子常数决定了这两个测不准量之间的关系。你看这里，我要把这个台球放到三角框里，来对它的位置加以限制。"

当台球被放进这个封闭的区域内，整个三角框都闪耀着象牙色的光。

"你看！"教授说，"我把这个台球的位置限制在三角框内几英寸的区域内，会导致它的速度有很大的测不准性，台球就在框架内非常快地移动。"

"你能让它停下来吗?"汤普金斯先生问道。

"不能,从物理学的角度上说这是不可能的。任何在封闭空间内的物体都会有一定的运动,我们物理学家称之为'零点运动'。举个例子来说,任何原子里的电子都具有这种运动。"

在汤普金斯先生注视着台球在框子里来回冲撞,就像是囚笼中的老虎一样,这个时候,一些极不寻常的事情发生了。台球竟然从三角形的框壁"泄漏"了出去,然后朝着球台远处的一个桌角滚去。奇怪的事情就在于它确实没有跳过三角形的边框,而是直接穿过了框壁,一直没有离开过台面。

"这回好了。"汤普金斯先生说,"你的'零点运动'逃跑了,这也是原理规定的吗?"

"当然是了。"教授说,"事实上,这是量子理论最有趣的一个结果。任何一件物体,如果它越过围墙以后还有足够的能量跑开,那么你就不可能把它控制在一个封闭的区域内。这个物体早晚会'漏'出去跑掉的。""那我再也不去动物园了。"汤普金斯先生果断地说,他生动地想象出了一幅狮子和老虎从笼子里跑出来的可怕画面。然后,他的思想又跑到了另一个不同的方向:他想象一辆锁好的车从车库里出来,就好像中世纪的幽灵,从车库的墙壁穿墙而出。

"我需要等多久,"他问教授,"才能等到一辆车——不是用这里的材料做的,而是用普通的钢铁制造的——从砖墙'漏'出来呢? 我很想看看!"

车如同中世纪的一个老幽灵

教授在他的脑海中快速地计算了一下，然后给出了一个答案："差不多需要1,000,000,000…000,000年。"

尽管汤普金斯先生习惯了银行账户里的巨额数字，但他还是迷失在教授说的数字到底有多少个零当中。总之，这个数字足够长，长到他不用担心自己的车会逃跑。

"就算我相信你说的话，但是如果我们没有这里的这些台球，我还是不知道这些事情你是如何观察到的。"

"这是一个合理的反对理由。"教授说。"我的意思当然不是说，在你日常生活中用到的这些大物体身上可以观察到量子现象。而问题在于，应用在原子或者电子这种非常小质量的事物时，量子规律的效应才变得显著很多。对于这些粒子来说，量子效应是非常大的，以至于普通力学完全失效。两个原子之间的碰撞，就好像你刚才观察到的两个台球之间的碰撞一样，而原子中电子的运动则与我刚才放到木三角框中台球的'零点运动'非常相似。"

"这些原子也会经常从车库跑出来吗？"汤普金斯先生问。

"噢，是的，它们会的。当然，你一定听说过放射性物质，它们的原子会自发地衰变，发射出非常快的粒子。这些原子，确切地说是它们的中心部分——原子核，非常像是车库，而车库中的小汽车——也就是其他粒子被存放在其中。它们确实会漏出原子核的"墙"逃走，有时它们一秒钟也不会待在里面。在这些原子核里，量子现象是非常普遍的！"

经过这么长的一段对话，汤普金斯先生感觉非常疲倦，他心不在焉地东张西望。这时，他的注意力被房间角落的一座巨大的老爷钟吸引，它那长长的老式钟摆正缓慢地来回摆动着。

"我看你对这座钟很感兴趣。"教授说，"这也是一台不寻常的机器，但是现在它已经过时了，这座钟代表了人们起初思考量子现象的方式。它的钟摆被设置成摆动幅度只能增大有限的次数，但是现在，所有的钟表制造者都更喜欢采用巧妙的分散摆。"

"噢，我希望我能够理解这所有复杂的事情！"汤普金斯先生大声说。

"非常好。"教授回答说，"我是在去作量子理论讲座的路上偶然来到这家酒吧的，因为我从窗外看见了你。为了不迟到，现在我差不多该走了，你愿意一起去吗？"

"哦，太好了，我去。"汤普金斯先生说。

像往常一样，演讲厅里坐满了学生，汤普金斯先生虽然只得到阶梯上的座位，但他还是觉得很满意。

先生们、女士们，教授开始了演讲！

在我前两次的讲座中，我试图给你们展示人们是如何发现所有物理速度都有上限的，以及对直线这个概念进行的分析，使得我们对时空的古典概念发生了彻底的重建。然而，对物理基础进行批判分析所得到的进展并没有止步于此，而更令人惊喜的发现和结论还在等待着人们。在这里我指的是量子论这个物理学的分支学科，它与时间和空间本身的性质关系并不大，而与物体在时空中的相互作用和运动有着紧密的联系。古典物理学总是认为，任何两个物体之间的相互作用想要多小就有多小，甚至在必要时，在实践中可以降低为零，这件事是无须证明的。举个例子来说，如果在研究某个过程中所产生的热量时，人们担心放入温度计会带走一部分热量，从而导致要观察的正常过程受到干扰。但是，实验者们总是确定地认为，只要使用较小的温度计或者非常小的温差电偶，就可以将这种干扰降低到所需精度的极限以下。

人们确信任何的物理过程，在理论上都可以在任意想要的精度下进行观察。这种观念是如此的根深蒂固，所以没有人想要明确说明这种观念，并且所有与此相关的问题都被当作单纯的技术性困难来处理。但是自从20世纪以来，积累的很多新的实验事实让物理学家们得出结论，真实的情况的确要复杂很多，在自然界中存在某种更小的相互作用的极限，这个极限是永远不可能被超越的。在我们熟悉的日常生活的所有过程中，这个自然极限小到都可以忽略不计。但是当我们处理发生在类似原子和分子之间在力学系统中极其微小的相互作用时，这个极限就变得非常重要了。1900年，德国物理学家普朗克在研究物质与辐射理论之间的平衡条件时，得到了令人惊讶的结论，那就是这种平衡是不可能达到的，除非我们假设物质和辐射之间的相互作用"冲击"是一系列不连续的"冲击"，它不同于我们通常所设想的连续的"冲击"。在每次相互作用的基本反应中，都有一定量的能量从物质转移至辐射，或者从辐射转移到物质。为了得到想要的平衡，并且得到与实验事实一致的结论，就必须引入一个简单的数学比例关系，来阐述每次冲击所转移的能量与导致能量转移的过程发生的频率（周期的倒数）之间的关系。

因此，普朗克不得不做出结论，如果用符号h来表示比例常数，那么每次冲击所转移的能量的最小值或者所谓的量子，可以用以下公式算出：

$$E = h\nu \qquad (1)$$

这里的ν表示频率。常数h的数值等于6.457×10^{-27}尔格·秒[1]，这个常数也通常被称为"普朗克常数"或者"量子常数"。它的数值非常小，这也是为什么量子现象通常不能在我们的日常生活中观察到。

普朗克的这种想法进一步的发展归功于爱因斯坦，他在几年以后得出结论说，辐射不仅在发射时会分成有限且分散的部分，而且它永远以这种方式存在，也就是说辐射由一些分散的"能量包"组成，爱因斯坦称之为"光量子"。

在"光量子"的运动过程中，它们除了具有能量$h\nu$以外，还具有一定的动量。根据相对论性力学，这个动量应该等于它们的能量除以光速c。我们还记得光的频率与它的波长λ的关系为$\nu = c/\lambda$，我们就可以写出光量子的动量的关系式：

$$p = \frac{h\nu}{c} = \frac{h}{\lambda} \qquad (2)$$

1.目前公认的普朗克常数h值为：6.626×10^{-34}焦耳·秒。——译者注

因为运动的物体在碰撞中产生的力学作用取决于它的动量,我们就必须得出结论,光量子产生的作用随着波长的减小而增大。

有一个验证光量子想法和其产生的能量和动量存在最好的实验,它是由美国物理学家康普顿[1]的研究提供的。他在研究光量子和电子的碰撞时,发现了这样的结果:那就是受光线的作用而开始运动的电子,与受到前面公式所给出的能量和动量的粒子发生撞击的电子,两者的表现完全相同。而"光量子"本身,在受到电子的撞击后,也会产生某种变化(它们的频率改变了),这与量子理论的预测完全一致。

现在我们可以说,只要考虑物质间的相互作用,辐射的量子性质就已经是一个完备的实验事实了。

量子概念的更进一步发展是由丹麦物理学家玻尔[2]确立的,他在1913年首次提出这样的观点:任何力学系统中的内部运动只可能得到一套独立的能量值。运动想要改变状态,就只能通过有限大小的跳跃来实现。并且在每次跃迁中,都会有一定量的能量辐射出来。定义这个力学系统可能状态的数学法则要比辐射公式复杂得多,所以我们就不在这里讨论了。我们只在这里指出,就好像光量子的动量取决于光的波长,在力学系统中,任何运动粒子的动量都与运动所在空间的几何尺寸相关,它的数量级由以下表达式给出:

$$p_{粒子} \cong \frac{h}{l} \qquad (3)$$

这里的 l 是运动区域的线性尺寸。由于量子常量的数值极小,所以

1.康普顿(Arthur Holly Compton, 1892~1962),美国著名的物理学家,因他对"康普顿效应"的一系列实验及其理论解释,而获得1927年度诺贝尔物理学奖。——译者注
2.尼尔斯·玻尔(Niels Henrik David Bohr, 1885~1962),丹麦著名物理学家,因他对于原子结构理论的贡献,获得1922年诺贝尔物理学奖。——译者注

只有存在于原子或者分子内部这样很小的区域内的运动，量子现象才显得重要。这时在我们所知的物质内部结构知识中，它起到了十分重要的作用。

在微小的力学系统中存在分立能态的一个最直接的证明，是弗兰克和赫兹[1]的实验提供的。他们用不同能量的电子轰击原子，发现只有在入射电子的能量达到某些分立的值时，原子的能态才会发生特定的改变。如果入射电子的能量低于某个极限值的话，那么原子就观察不到任何影响，因为每个入射电子携带的能量都不足以将原子从第一量子态激发到第二量子态。

所以在量子理论发展初级阶段的最后呈现出的局面，可以说它并不是古典物理学的基本概念和原理的修正，而是通过神秘的量子条件，从古典物理学中可能出现的连续运动中挑选出一组离散的"容许"运动，对古典物理学进行或多或少的人为限制。但是，如果我们更深入地探究古典力学定理和这些由我们拓展经验所要求得到的量子条件之间的联系，就会发现这个由二者结合起来的系统在逻辑上是前后矛盾的，并且这些依照实验得出的量子限制使得古典力学依据的基本概念变得毫无意义。事实上，古典理论中的基本概念认为：任何运动的粒子在任意一个指定的时刻都在空间中占据一个确定的位置，并且具有确定的速度，这个速度描述了它在轨道上的位置随时间变化的情况。

关于位置、速度和轨道这些构成了整个古典力学精美建筑的基本概念（包括我们其他的概念），是由我们周围观察到的现象形成的。所以，就好像古典的时空概念一样，只要我们的经验拓展到了之前从

1.弗兰克（James Franck）和赫兹（Hertz），德国物理学家，他们由于研究原子与电子碰撞时的能量变化，而获得1925年度的诺贝尔物理学奖。——译者注

没探索过的新领域，这些概念就会被重新修正。

如果我问一位听众，为什么他相信任何运动的粒子在任何指定的时间占据特定的位置，从而构成了随时间推移而确定的线称为"轨道"。他可能会回答说："因为当我观察运动时，我看见的情况就是这样的。"让我们分析这个形成古典轨道概念的方法，看看它是否真的会得出确定的结果。为了达到这个目标，我们来想象一个物理学家拥有各种最精密的仪器，现在他想追踪一个从他实验室的墙上扔下的很小物体的运动。他决定"观察"这个物体如何进行运动，为了实现这个目标，他使用一个小巧而精确的经纬仪。当然，想要看见这个移动的物体，他必须照亮它。由于他知道光线通常会对物体产生一定的压力，所以这可能会干扰它的运动。他决定只在观察的瞬间，使用一种短时间闪光的照明工具来照亮物体。在他第一次实验中，他只观察轨道上的10个点，所以他选择让他的闪光源强度降到足够低，以便10次连续的照射产生的总体效应在他需要的精度范围以内。所以，通过他对下落物体的10次闪光照射，他在期望的精度范围内得到了轨道上的10个点。

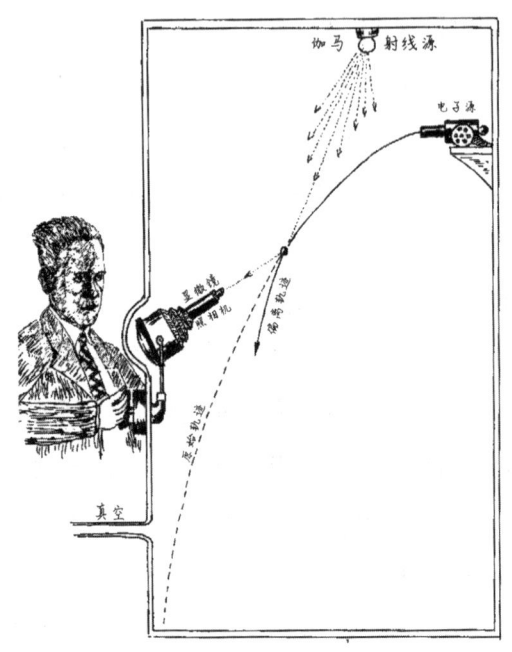

海森堡[1]的 γ 射线显微镜。

　　现在他想要重复他的实验，这一次，他想要得到100个点。他知道100次连续的照明会对物体的运动干扰太大，因此，他在准备第二次观察中，选择把他的闪光灯强度降低为1/10。在第三次观察中，他想要得到1000个点，所以他把闪光灯强度降低为第一次的1/100。

　　按照这样进行下去，他持续地降低照明灯光的强度，他想要多少点就可以得到多少轨道上的点，而且可能的误差没有超过他在一开始选定的限度。这个高度理想化但在理论上可行的方法，是通过"看运动的物体"的轨道建立的一种非常合乎逻辑的方法。大家可以看出，这个

1.沃纳·卡尔·海森堡（Werner Karl Heisenberg, 1901~1976），德国著名物理学家，量子力学的主要创始人，1932年诺贝尔物理学奖获得者。

方法在古典物理学的框架下，是完全可行的。

但是现在，让我们看看如果我们引进量子限制，并且考虑任何辐射都只能通过光量子这种形式转化这个事实会发生什么。我们已经看见我们的观察者不断降低照射在运动物体上的光的数量，并且现在我们应该预料得到，一旦光的数量降低到一个量子，他都会发现不可能再按这种方法减少下去。要么所有的光量子都从运动的物体上反射回来，要么根本没有东西反射回来，在后一种情况下，观察没办法进行。当然，我们已经看见，随着波长的增大，光量子碰撞产生的效应减小。我们的观察者也知道这一点，所以他一定会尽可能使用波长较大的光来进行观察，这样就能在观察次数增加的时候，减少干扰。但是在这里，他遇到了另外一个困难。

众所周知，在使用某一波长的光时，我们不能看见比这一波长更小的细节，就好像一个人不能用油漆刷画一幅波斯细密画！所以，随着使用的波长越来越长，观察者就不能准确地估计每一个点的位置，很快他就会发现，由于他用的波长像整个实验室一样大，导致每一个点都测量得不准确了。所以他最后不得不在观察点的数量和每一点的测不准程度之间进行权衡，这样他永远也无法得到像他古典同事得到的数学曲线那样准确的轨道了。他得到最好的结果也不过是一条模糊的宽带，所以如果以他的实验结果为基础建立他的轨道概念，这个概念会与古典概念有相当大的差别。

以上讨论的方法是一个光学方法，现在我们可以采用机械的方法尝试另一种可能性。为了达到这一目的，我们的实验者设计一些小巧的机械仪器，比如说一些装在弹簧上的小铃铛，在有物体从它们旁边经过时，它们会把这个物体路线记录下来。实验者可以在物体计划经过的空间中分布很多这样的铃铛,当物体经过时,那些"响着的铃铛"显示了物体运动的路线。在古典物理学中,人们想要这些"铃铛"多小多敏锐都可以,在铃铛无限多无限小的极端情况下,轨道的概念就可以同样达到任何想要的精确度。但是,机械系统的量子极限会再一次打破这样的局面。如果这些"铃铛"过于小,那么根据公式(3),它们从运动物体那里"拿走的"动量就会过于大,这样即使只有一个铃铛被击中,物体的运动也被严重地干扰了。而如果这些铃铛太大了,那么每个点的位置的"测不准性"又会变得很大,最终得到的轨道又会是一条分散的带!

弹簧上的小铃铛。

我担心这些实验者怎样试图观察轨道的讨论,会给你们造成过于看重技术的印象,使得你们倾向于认为,即使我们的观察者不能通过这些方法把轨道测量出来,拥有更加复杂装置的人也能得到他们所需的结果。但是我必须提醒大家,我们讨论的不是在某个物理实验室做的具体的实验,而是把最普遍的物理测量问题理想化了。只要是在我们这个世界中存在的任何一种作用,都可以归为辐射作用或者是纯机械作用。任何精心设计的测量方案都离不开这两个方法的原理,并且最终都会得出相同的结果。即使在整个物理学世界中存在理想的"测量仪器",我们也不得不作出终极结论说,在量子法则统治的世界中,也不存在位置精确和形状准确的轨道这回事。

让我们回头来讨论我们的实验者,现在他试图找到量子条件强加限制的数学表达式。我们已经知道在上面讨论的这两种方法中,运动物体位置的测量总是会对运动物体的速度产生干扰。在光学方法中,由于力学的动量守恒定律,粒子被光量子撞击后会引进动量的测不准性,其大小与入射的光量子的动量差不多。所以,通过公式(2),我们可以把粒子的动量测不准性写为:

$$\Delta p_{粒子} \cong \frac{h}{\lambda} \qquad (4)$$

记得粒子位置的测不准性取决于光量子的波长($\triangle q \cong \lambda$),由此得出:

$$\Delta p_{粒子} \times \Delta q_{粒子} \cong h \qquad (5)$$

在机械方法中,运动粒子的动量由于被"铃铛"拿走了一部分也变得测不准了。通过公式(3),再回想在这个情况中,粒子位置的测不准性取决于铃铛的大小($\triangle q \cong \lambda$),我们就又一次回到与之前的情况相同的公式。所以公式(5)中,是量子论测不准关系的最基本的表达式,它是由德国物理学家海森堡最先导出。它表示位置测量得越准确,动量就越测不准,反之亦然。

我们想到动量是运动粒子的质量和速度的乘积, 可以写出:

$$\Delta v_{粒子} \times \Delta q_{粒子} \cong \frac{h}{m_{粒子}} \qquad (6)$$

相比于我们通常接触到的物体来说, 这个值小得可笑。即使是对于0.000 000 1克的较轻的尘埃粒子来说, 它的位置和速度也可以被测量至精度值为0.000 000 01%! 但是, 对于电子来说(质量为10^{-29}克), $\Delta v \Delta q$的乘积大约达到100的数量级。在原子内部, 电子的速度至少应该在$\pm 10^{10}$厘米/秒之内, 否则它就会逃出原子。这样, 就得出位置的测不准性为10^{-8}厘米, 也就相当于整个原子的大小。所以, 在原子中的电子的运动"轨道"由于这种扩张而分散开, 轨道的"厚度"变得等于它的"半径"。所以, 电子会同时出现在原子核周围的每个地方。

在过去的20分钟里, 我试图向你们描述由于我们对古典运动概念的批判而造成的灾难性的后果。这些优美、有准确定义的古典概念被打得支离破碎, 变成了一团稀粥。你可能自然地问我, 物理学家们究竟想要怎样用测不准的观点来描述任何一种现象呢? 答案就是: 到目前为止, 我们已经毁掉了经典的概念, 但是我们还没有达到准确描述新概念的程度。

我们现在继续谈论这个问题。很显然, 如果我们不能用数学上的点来定义物质粒子的位置, 也不能通过数学上的线来定义粒子的运动轨道, 是因为位置和轨道都散开了, 我们只能使用其他的描述方法来定义"稀粥"(假设我们这样称呼它)在空间中不同点上的"密度"。在数学上, 这意味着采用连续的函数(例如流体动力学中使用的那种), 在物理学上, 这需要我们使用类似"这个物体大部分在这里, 但是有一部分在那里, 甚至更远"或者"这枚硬币75%在我的口袋里,

25%在你的口袋里"这种表达。我知道这样的句子会把你吓一跳，但是由于量子常数的数值非常小，在日常生活中你永远也用不上它们。但是，如果你想要研究原子物理学，那么我就强烈建议你熟悉这种表达方式。

我必须提醒你们的是，不要产生一种错误的想法，那就是描述"出现密度"的函数在我们普通的三维空间中仍然具有物理上的现实意义。事实上，如果我们描述两个粒子的行为，我们就必须回答关于第一个粒子出现在一个地点时，第二个粒子出现在另一地点的问题。为了做到这一点，我们必须使用一个带有6个变量（两个粒子各三个坐标）的函数，这个函数在三维空间中不是"定域"函数。对于更复杂的系统，就必须采用带有更多变量的函数。从这个意义上来讲，"量子力学函数"类似于古典力学中粒子系统的"势函数"或者统计力学系统中的"熵函数"。它只是描述了运动状态，并且帮助我们预测任何一个粒子在给定的条件下运动的结果。在描述粒子的运动状态时，它才具有现实中的物理意义。

描述粒子或粒子所在系统出现在不同地点的可能性有多大的函数，需要有某种数学上的记法。奥地利物理学家薛定谔[1]最先写出定义这种函数的方程，根据他的意见，这个函数用符号"$\Psi\Psi$"表示。

我不打算在这里讲薛定谔基本方程的数学证明，但是我会带你们了解推导这个方程所需要的条件。这些条件中最重要的一条也是非常不寻常的一条：这个方程必须被写成这样的形式，使得描述物质粒子运动的函数能够显示波动的一切特性。

1.埃尔温·薛定谔（Erwin Schrödinger, 1887~1961），著名的奥地利理论物理学家，量子力学的重要奠基人之一，同时在固体比热、统计热力学、原子光谱等方面享有成就。1933年因薛定谔方程获诺贝尔物理学奖。——译者注

法国物理学家德布罗意[1]在他的原子结构理论研究中最先提出的
描述物质粒子运动的波动性质的必要性。在接下来的几年时间里，大
量的实验证实了物质粒子运动的波动性质，表明电子束在经过小开口
的时候会发生衍射现象，以及即使对于像分子这种相对大且复杂的粒
子也会发生干涉现象。

如果从古典的运动概念出发，这些观察到的物质粒子的波动性
质绝对是难以理解的。所以德布罗意得出了一个不太自然的观点：粒子
"伴随着"某种波动，这种波动会"指引"粒子的运动。

然而，只要我们推翻了古典概念，并且采用连续函数描述运动，
波动特性的条件就变得容易理解得多了。这些条件只是说，我们的
"$\Psi\Psi$"函数并不是类似于加热墙的一端而导致的热量的传播，而是类
似机械形变（声音）通过这面墙的传播。在数学上，这就需要我们寻找
的方程要具有严格明确的形式。这个基本条件，连同我们方程的附加
要求：即应用在大质量粒子上时量子效应可以忽略不计，这时应该变成
古典力学方程。实际上我们是把寻找这个方程的问题，变为一个单纯
的数学问题。

如果你好奇这个方程的最终形式是什么样的，我可以把它写在这
里。那就是：

$$\nabla^2\psi + \frac{4\pi mi}{h}\dot{\psi} - \frac{8\pi^2 m}{h}U\psi = 0 \qquad (7)$$

在这个方程中，函数U代表了作用在我们的粒子（质量为m）上的
力的势能，对于任何给定的力场分布，都给了这个运动问题一个确定

1.路易·维克多·德布罗意（Louis Victor, Duc de Broglie, 1892~1987），法国理论
物理学家，波动力学的创始人，物质波理论的创立者，量子力学的奠基人之一。1929年
获诺贝尔物理学奖。——译者注

的解。对于"薛定谔波动方程"的应用,让物理学家们在其存在的四十年里,为原子世界发生的一切现象描绘了一幅最完美并且合乎逻辑的图画。

你们其中的一些人可能会感到奇怪:为什么到现在我还没有听见"矩阵"这个词,这是在谈论量子理论时经常会听到的词呢?我必须要坦白的是,我个人不是很喜欢这些"矩阵",所以我宁愿不提到它们。但是为了不让你们对这个量子理论的数学工具一无所知,我就用几句话讲一下。正如你看见的,人们总是用某种连续的波函数来描述一个粒子或者一个复杂力学系统的运动。这些函数通常比较复杂,并且可以看作是由简单的振动(也就是所谓的"本征函数")组成的,就好像一个复杂的声音是由很多个简单的谐振音组成的一样。

人们可以通过给出各个分量的振幅来描述整个复杂的运动,由于分量(泛音)的数量是无限的,所以我们必须将无限的振幅表格写成这种形式:

$$q_{11} \quad q_{12} \quad q_{13}$$
$$q_{21} \quad q_{22} \quad q_{23}$$
$$q_{31} \quad q_{32} \quad q_{33}$$

这个表格遵循一些数学运算的相对简单的法则,它是与某个指定运动相对应的"矩阵",一些理论物理学家相比于处理波函数本身,更愿意使用"矩阵"。所以,这种"矩阵力学"(理论物理学家有时这样称呼它)只不过是普通的"波动力学"的一种修正。在这场讲座中,我们主要探究原理中的问题,所以我们不需要更深入地讨论这些问题了。

很遗憾由于时间的限制,我不能向你们介绍量子理论与相对论结合后取得的进展。这些主要由英国物理学家狄拉克[1]的研究进展带给

1.保罗·狄拉克(Paul Dirac, 1902~1984),英国理论物理学家,量子力学的奠基者之一,1933年,因为发现了量子力学的基本方程——薛定谔方程和狄拉克方程,与薛定谔共同获得了诺贝尔物理学奖。——译者注

我们很多非常有意思的东西，并且带来了一些极其重要的实验发现。也许以后我能回头来讲讲这些问题，但是现在我要结束我的讲座了，并且希望这一系列讲座会帮助你们对物理世界的现代观念有一个清晰的认识，并且让你们对未来的研究满怀期待。

第八章　量子丛林

第二天一早，汤普金斯正躺在床上打盹儿，他感觉房间里有一个人。于是他起身四下张望，发现他的老朋友——那位教授坐在椅子上，正在全神贯注地研究摊在他膝盖上的地图。

"你要来吗?"教授抬起头问道。

"去哪儿?"汤普金斯说，他心想着教授是怎么进入他房间的。

"去看大象，当然，还有量子丛林里的其他动物。我们之前去的那家台球室的老板偷偷告诉我，制作他台球的象牙是从哪里来的。你看见我用红笔标注地图上的区域了吗? 似乎在这里的一切遵循的量子定律都有一个非常大的量子常数。当地土著人认为国家的这个区域有魔鬼居住，所以我觉得我们很难找到一个导游。但是如果你想来，就最好快点。还有一个小时船就要出发了，况且我们还要在路上接上理查德爵士。"

"谁是理查德爵士?"汤普金斯先生问。

"你没听说过他?"教授显然很惊讶，"他是有名的"老虎猎人"啊，我答应他会有一些有趣的猎物，他就决定跟我们一起去啦。"

当他们到达码头的时候，刚好看见正在装载很多长盒里，长盒里面装着理查德爵士的步枪以及从量子丛林附近的铅矿中开采的铅特制的子弹。汤普金斯先生将他的行李安排进船舱时，船体稳定的振动了起来，他们出发了。在海上的航行平平淡淡，使得汤普金斯先生几乎没注意到时间的流逝，直到他们到达了一个迷人的东方城市的岸边，这里是距离神秘的量子区域最近的有人居住的地方。

"现在，"教授说，"我们得买一头大象，才能开始我们的内陆之旅。我认为当地人不会同意跟我们一起去，所以我们只能自己控制大象。而你呢? 我亲爱的汤普金斯要负责学习这项工作,我自己要忙着进行科学观察,而理查德爵士要负责搞定那些武器。"

他们来到位于城市郊区的大象市场,当汤普金斯先生看到了那个要由他控制的"庞然大物"时,心情变得非常不好。对大象了解很多的理查德爵士挑选出了一头不错的大象,然后询问主人它的价钱是多少。

那个当地人回答了一串听不懂的土语,露出了一口白牙。

"他想卖很多钱。"理查德爵士翻译道,"并且说这头大象是来自量子丛林的,所以更贵一些。我们接受吗?"

"当然接受。"教授解释道,"我在船上听说有时大象会从量子地带跑出来,被当地人抓住。它们比其他地方的大象好得多,对我们来说就更有优势了,因为在丛林里它会觉得回家了。"

汤普金斯先生全方位地打量起这头大象,它是一头非常漂亮的大型动物,只是它的行为看起来和在动物园里看见的大象并没有什么不同。他转头对教授说:"你说这是一头量子大象,但是在我看来这就是一头普通的大象啊,没有那些用它亲戚的象牙做成的台球那样奇特的表现。为什么它不向四面八方散开呢?"

"你的理解能力真差啊。"教授说,"这是因为大象的质量很大,我之前就告诉过你,位置和速度的测不准性都取决于质量。质量越大,测不准性就越小。这就是为什么在普通世界里,即使尘埃那样的粒子上,也不能观察到量子定律。但是量子定律对于电子来说就重要得多了,因为它们要比尘埃轻数十亿倍。现在在量子丛林里,量子常数相当大,但还是没有大到对大象这么重的动物产生显著的影响。量子大象位置上的测不准性只有通过仔细检查它的轮廓才能被注意到,你可能注意到它的皮肤表面不是很明确，而是看起来有轻微的模糊。随着时间的推移，这种测不准性增加得十分缓慢，当地传说量子丛林里的老象都有长长的皮毛，我想这就是这个传说的起源。但是我估计这里的小型动物会有非常明显的量子效应。"

"还好，"汤普金斯先生想，"还好我们不是坐在马背上进行这次探险，如果是那样，我可能永远也不知道我的马是在我的膝盖中间还是下一个山谷里。"

当教授和理查德爵士带着他的步枪爬进固定在大象背上的篮子里之后，汤普金斯先生作为新晋驯象人坐在了大象脖子的位置上，一只手拿着赶象棒，他们开始向神秘的丛林进发。

城里的人告诉他们到达那里大约要一个小时，所以汤普金斯先生尽力在大象耳朵之间保持平衡的同时，决定利用这段时间向教授学习更多关于量子现象的知识。

"你能不能告诉我，"他转过头问教授，"为什么小质量物体的表现如此奇怪？还有这个你一直谈到的量子常数的普遍意义又是什么呢？"

"噢，这不难理解。"教授说，"你在量子世界观察到所有物体的这些奇特行为，只是因为你在看着它们。"

"它们太害羞了吗？"汤普金斯先生笑着说。

"'害羞'并不是个合适的词。"教授忧郁地说，"但重点是，任何对运动的观察都必然会干扰这个运动。事实上，如果你了解一个物体的运动，意味着这个运动的物体与你的感官或者仪器发生了某种作用。由于作用和反应是彼此存在的，所以我们可以得出结论，你的测量仪器也对物体发生作用了，或者是它'破坏'了物体的运动，将测不准性引入了物体的位置和速度中。"

"那么，"汤普金斯先生说，"如果我碰到了台球室的台球，我肯定会干扰它们，但是我只是看着，还会干扰它们吗？"

"当然会了，你不能在黑暗中看见球，但是如果你把它放在光线下，那些从台球表面反射、使之可见的光线会作用在台球上，我们称之为光压，这会'破坏'它的运动。"

"但是如果我使用非常精密并且敏锐的设备，难道不能让我的设备对运动物体的作用变得足够小甚至到可以忽略的程度吗？"

"那是在发现量子的作用之前，我们在古典物理学里的想法。在20世纪初期，人们才搞清楚任何物体上的作用都不能低于某个限度，这个限度就叫作"量子常数"，通常用符号"h"表示。在普通的世界中，量子作用是非常小的。在惯用单位中，它由小数点后二十七个零的数字表示，并且只对诸如电子这种非常轻的粒子是非常重要的，因为电子的质量非常小，所以会被非常小的作用影响。在我们现在要去的量子丛林中，量子的作用是非常大的。在这个粗暴的世界，不会存在温和的作用。如果一个人在这样的世界里想要抚摸一只小猫咪，那么小猫要么什么也感觉不到，要么就会被第一下'量子的爱抚'折断脖子。"

"这一切都很好。"汤普金斯若有所思地说，"但是如果没有人看，物体是不是会表现正常？我的意思是，像我们习惯认为的那样？"

"当没有人看的时候，"教授说，"没有人知道它们的表现，所以你的问题没有物理意义。"

"好吧，好吧。"汤普金斯先生喊道："这对我来说简直就是哲学！"

"如果你喜欢可以叫它'哲学'。"教授显然被冒犯了，"但事实上,这就是现代物理的基本原则——永远不要空谈你无法验证的事情。所有的现代物理学理论都是建立在这个原则上的,但是哲学家常常会忽视这点。比如说,德国著名的哲学家康德花了很长时间思考物体的性质,他认为物体的性质不是'呈现给我们'的,而是他们'本身就在那里'的。现代物理学家认为,只有所谓的'可观察量'(即主要是可观察的性质)才有意义,而且整个现代物理学都是建立在他们相互关系的基础上。无法观察的东西只适合空想,在发明它们的时候没有限制,也不可能检验它们是否存在,或者根本无法利用它们。我只能说……"

就在这时,空气中传来了一声可怕的低吼声,它们的大象剧烈地颤抖了一下,使得汤普金斯先生差点摔下来。一大群老虎从四面八方同时跳了出来,正要攻击他们的大象。理查德爵士架起步枪,瞄准了一只离他最近的老虎两眼中间的位置,扣动了扳机。下一秒,汤普金斯先生听见他低声骂了一句猎人们常说的话,原来那子弹直接穿过老虎的头部,但是对这只老虎没有造成任何伤害。

"多打几枪!"教授喊道,"分散你的火力,别管有没有精确的瞄准了!其实只有一只老虎,但是它分散开来包围了我们的大象,我们唯一的希望就是提高"汉密尔顿[1]"!"

教授抓起另一支步枪,射击的炮弹和量子老虎的低吼声混杂在一起。对于汤普金斯先生来说好像过了一个世纪,战斗终于结束了。有一颗子弹"正中要害",令他十分惊讶的是,那只中枪后突然变回一只的老虎竟然被猛烈地抛了出去,它的尸体在空中划出了一道弧线,落在

1.此处指汉密尔顿算符,即在量子力学中对应于系统总能量的可观测量。——译者注。

了远处的棕榈树丛后面的某个地方。

"汉密尔顿是谁?"所有的事情都平静下来后,汤普金斯先生问,"他是某个有名的猎人?所以你想让他从坟墓里复活好来帮助我们?"

"哦!"教授说,"我很抱歉,战斗太激烈了,我都开始使用你无法理解的科学术语了!"汉密尔顿"是描述两个物体之间量子相互作用的数学表达式,它是以一位爱尔兰数学家汉密尔顿的名字命名的,他最早使用这种数学形式。我只是想说,通过多发射量子子弹,我们就能增加子弹与老虎身体间相互作用的可能性。你也看到了,在量子世界中,人们不能准确地瞄准目标并且确保击中它。因为子弹和目标本身都会散开,所以命中率总是有限的,永远也没有确定性。在我们刚才的情况中,我们至少发射30颗子弹才真正击中那只老虎,而且子弹对老虎的作用非常猛烈,使得老虎的身体被扔得远远的。这些现象也在我们世界里发生,只不过程度要小得多。正如我已经提到的,在普通世界的人们只有通过研究像电子这样小的粒子的行为,才能发现一些现象。你可能听说过每个原子都由相对较重的原子核和围绕它旋转的很多电子组成。过去,人们总是习惯性认为电子围绕原子核的运动非常类似于行星围绕太阳的运动,但是进一步的研究表明,运动的普通概念对于原子这样一个微型系统来说实在是太粗糙了。在原子中扮演重要角色的作用与基本量子作用具有相同的数量级,于是整个画面大幅度展开了。电子围绕在原子核周围的运动在很多方面都类似于老虎似乎包围了大象的运动。"

一大群看起来模模糊糊的老虎正在攻击他们的大象。

"那么有人向我们射击老虎一样射击电子吗?"汤普金斯先生问道。

"哦,当然有。有时原子核本身会发射一些富有能量的光量子或者光的基本作用单位,你也可以用一束光从原子外部照射电子。并且正如我们的老虎在这里发生的事情,那些原子核都发生这样的情况:很多光量子直接穿过电子所在的位置,对它没有任何影响。直到有一个光量子与电子发生作用,并且把它"扔出"原子。量子系统不会受到轻微的影响,它要么完全不受影响,要么发生很大的改变。"

"就像是原子世界里那只可怜的猫咪,没人能抚摸到,除非被弄断脖子。"汤普金斯先生总结道。

"看! 羚羊, 有很多!" 理查德爵士惊叫起来, 举起了步枪。事实上, 确实有一大群羚羊从竹林里涌现了出来。

"训练有素的羚羊。" 汤普金斯先生心想, "它们像军队里的士兵一样队形整齐地奔跑, 我怀疑这也是某种量子效应。"

向他们的大象靠近的那群羚羊移动得很快, 理查德爵士准备向它们开枪, 这时教授拦住了他。

"别浪费你的子弹了。" 他说, "当它在衍射图像中移动时, 几乎没可能击中这一只羚羊。"

"一只羚羊是什么意思?" 理查德爵士喊道, "这里至少有几十只羚羊!"

理查德爵士准备开枪时, 教授拦住了他。

"噢, 不是的! 这里只有一只小羚羊, 因为它受到了惊吓, 所以它正穿过竹林奔跑。现在，这些'分散'的羚羊具有类似于普通的光线穿过一连串规整的开口时相同的性质。比如说，竹林里的两个分开的竹子之间会产生衍射现象，你可能在学校里听说过。所以，我们谈论的只不过是物质的波动特性。"

但是，理查德爵士和汤普金斯先生根本无法思考这个神秘的"衍射"是什么意思，所以对话没有进行下去。

在穿越量子地带的过程中，我们的旅行者遇到了很多其他有趣的现象，例如量子蚊子，由于它们的质量太小了，所以根本无法确定它们的位置，还有一些有趣的量子猴。而现在，他们正在靠近某个看起来像是土著村庄的地方。

"我还不知道。"教授说，"这些地方人口密集。从声音判断，我猜他们正在过某种狂欢节日。听听这些持续不断的铃铛声。"

那些土著人显然在篝火边跳着狂野的舞蹈，很难区分开那些人各自独立的身影。人群中的人们此起彼伏地举起棕色的双手，他们的手上挂着大大小小的铃铛。当教授他们走近人群时，包括小木屋和周围大树的一切都开始分散开来，而且那些铃铛的响声让汤普金斯先生的耳朵越发地难以忍受。他伸出手，抓到了什么东西，然后把它扔了出去。闹钟击中了他放在床头柜上的一杯水，溅出的凉水让汤普金斯先生醒了过来。他跳了起来，迅速地穿好衣服，因为半个小时以后他就得赶到银行去上班。

第九章　麦克斯韦的妖精

在几个月不寻常的冒险中，教授一直试图教给汤普金斯先生很多物理学中的秘密，而汤普金斯先生却对慕德越来越着迷。最后，汤普金斯先生相当羞怯地向她求婚了，并且很快她就接受了求婚，所以汤普金斯先生和慕德结了夫妻。教授以汤普金斯先生的岳父这个新身份，他认为自己有责任让女婿拓宽在物理学领域的知识储备，并且了解物理学的最新进展。

一个周日的下午，汤普金斯夫妇在他们舒适的公寓里坐在扶手椅上休息，汤普金斯夫人沉浸在最新一期的《联盟》杂志里，而汤普金斯先生正在阅读《时尚先生》[1]里的一篇文章。

"噢，"汤普金斯先生突然叫道，"这里有一个真正有效的赌博方法！"

"西里尔，你真的认为有这样的方法吗？"慕德不情愿地从她的时尚杂志里抬起眼，问道，"爸爸总是说没有这种只赢不输的赌博方法。"

"但是你看这里，慕德。"汤普金斯先生回答着，给慕德看这篇他研究了半个小时的文章，"我不知道其他的赌法，但是这个是以单纯并且简单的数学为基础的，而且我真的没看出来它有什么问题。你要做的只是写下三个数字：

1, 2, 3

在一张纸上，然后按照这里给出的几个简单的规则就行了。"

1.1940年1月那一期。

"但这次你一定赢!"

"好吧,我们试试看。"慕德建议道,她开始感兴趣了,"规则是什么?"

"假设你按照文章里给的例子来,这大概是学习这些规则最好的办法。根据说明,他们玩的是赌轮盘,你把钱押在红色或者黑色上,就像猜硬币的正反面一样。我写下:

1, 2, 3

规则就是:我的赌注必须永远等于这串数字首尾两个数字之和。所以我应该拿出1加上3,也就是4枚筹码,把它们押在红色上。如果我赢了,我就划掉1和3,所以下一次的赌注就是剩下的数字2。如果我输了,我就在数列的末尾加上输掉的数量,然后按照同样的规则得出我下

一次的赌注。好,假设球停在了黑色的格子上,庄家拿走了我的4枚筹码,那么我的新数列将是

1, 2, 3, 4

所以我下一次的赌注是1加上4,得到5。假设我第二次又输了,这篇文字说:"我必须按这个方法一直赌下去,把数字5加在数列的末尾,然后在赌桌上押上6枚筹码。"

"但是你这次一定会赢的!"慕德喊道,她变得十分激动,"你总不能一直输下去。"

"那也不一定。"汤普金斯先生说,"我小的时候和朋友玩掷硬币,信不信由你,有一次我看见连续10次都是正面。但是按照这篇文章,我们来假设这次我赢了。那么我就得到了12枚筹码,但是相比于原来的赌本,我仍然亏了3枚。按这个规则,我必须划掉1和5,现在我的数列是:

1, 2, 3, 4, 5

我下一次的赌注必须是2加上4,也就是又是6枚筹码。"

"这里说这次你又输了。"慕德叹了一口气,越过她丈夫的肩膀看向文章,"也就是说你要在数列末尾加上6,然后下一次出8个筹码,是这样吗?"

"是的,没错,但是这次我又输了,现在我的数列是:

1, 2, 3, 4, 5, 6, 8

所以这次我要出10枚筹码。这次赢了,我划掉2和8,所以我下次的赌注是3加上6,也就是9枚筹码。但是我这次又输了。"

"这真是个糟糕的例子。"慕德噘着嘴说,"但到现在为止,你输了3次只赢了1次,这不公平!"

"没关系，没关系。"汤普金斯先生带着魔术师般的自信说，"在这轮结束的时候我们准能赢回来，我在上一轮输掉了9枚筹码，所以我要把这个数字放在数列最后，这样就得到：

1, 2, 3, 4, 5, 6, 8, 9

然后押12枚。这次我赢了，所以我划掉3和9，然后押上剩下两个数字之和，也就是10枚筹码。接着我又赢了，所以这轮就结束，因为现在所有的数字都被划掉了。尽管我只赢了4次，输了5次，我还是赚了6枚筹码！"

"你确定赢了6枚筹码？"慕德难以置信地问。

"非常确定，你看这个赌法是这样的，无论你什么时候完成一个回合，你总是能赢6枚筹码。你可以用简单的算术证明这一点，这就是为什么我说这个赌法是数学的，并且不可能失败。如果你不相信，可以找一张纸自己试一试。"

"好吧，我相信你所说的这个赌法能赢。"慕德体贴地说，"但是，当然了，赢6枚筹码也不是很多。"

"是的，没错。但是如果你能确保每个回合最后都能赢，你就可以一次又一次地重复这个流程，每次都从1, 2, 3开始，想赢多少就赢多少，这不是很好吗？"

"太棒了！"慕德喊道，"那样你就可以辞掉银行的工作，我们可以搬去更好的房子，今天我在商店的橱窗里看见了一件迷人的貂皮大衣，只要……"

"我们当然可以买，但是首先我们最好赶快到蒙特卡洛[1]去。肯定

1.蒙特卡洛是摩纳哥公国的一座城市，位于欧洲地中海之滨、法国的东南方，世界著名的赌城。——译者注

有很多人读了这篇文字，如果我们赶到那儿时，赌场已经被这些赶在我们前面的人弄得倒闭了，那就太糟了。"

"我现在就给航空公司打电话。"慕德建议道，"看看下一趟航班什么时候起飞。"

"什么事这么着急？"一个熟悉的声音在门厅响了起来，慕德的教授父亲走进了房间，惊讶地看着这对兴奋的夫妇。

"我们要坐第一班飞机去蒙特卡洛，等我们回来时，就变得腰缠万贯了。"汤普金斯先生说，起身迎接教授。

"噢，我知道了。"教授笑着说，他坐在火炉旁的那把舒服的老式扶手椅上，"你有新的赌博方法了？"

"不过这次是真的，爸！"慕德抗议道，她的手还放在电话上。

"是的。"汤普金斯先生补充道，并把杂志递给教授，"这篇文字不容错过。"

"不容错过吗？"教授笑着说，"好吧，让我看看。"他快速地看了看文章，继续说道，"这个赌法的特点是指导你下赌注的规则，在每次输钱后就会让你增加赌注，另一方面，在每次赢钱以后就减少你的赌注。所以，如果你交替着输赢，并且具有很强的规律性，你的赌本就会时而增加时而减少。但是，每次增加的数量都比前一次减少的数量稍微大一点。在这种情况下，你当然很快就成了百万富翁了。但是毫无疑问的是，这种规律性通常并不会出现。事实上，这种规律的交替的输赢出现的概率，就像连续赢钱的概率一样小。所以我们必须看看如果你连续地赢或者输会发生什么。如果你有赌徒们说的好运气，每次赢钱，这种规则只会让你减少或者至少不再增加你的赌注，所以你赢钱的总数并不会非常多。另一方面，因为每次输钱以后你都要增加你的赌注，坏运气将会是巨大的灾难，并且让你倾家荡产。现在你看得出，代表你赌本变化的曲线是由几个缓慢上升的部分，中间穿插着急速下降的部分组成。赌博开始的时候，好像你沿着长长的曲线缓慢上升，然后你就会很高兴地看见你的钱缓慢而稳定地增加。但是，如果你赌的时间足够久，希望越赢越多，你就会出乎意料地碰到急剧下降的曲线，下降的深度足以等于你的赌本，然后让你输个精光。人们可以用非常普通的方式表明，在这种赌法或者任何其他的赌法中，曲线升高一倍和降到零点的概率是相同的。换句话说，最终赢钱的概率，正好等于你把所有的钱押在红色或黑色，即一下子将赌本翻倍或者输个精光的概率。这个赌法能做的事只不过是延长赌博的时间，让你在赢钱中获得更多的乐趣罢了。但是如果这就是你想要的，你就不用弄得这么复杂。你知道，轮盘上有36个数字，你大可以押中35个只留下1个。那么就有35/36的概率你会赢钱，这样，除了你押的35枚筹码以外，庄家还会多给你一枚筹码。但是，在转轮盘的36次里，一旦有一次球落在了你没有押注的那个数字上，这35枚筹码你就会全部输掉。按照这样玩的时间足够长，你赌本的起伏曲线就会与你按照这本杂志的赌法所得到的曲线一模一样。

"当然了，我一直在假设庄家没有设置统吃这一项。而事实上，每个我看过的轮盘都有一个零格，有时也会有两个零，这就增加了不利于玩家的概率。所以，不论使用哪种赌法，玩家的钱都会从他的口袋里逐渐跑到赌场主的口袋里去。"

"你的意思是说，"汤普金斯先生沮丧地说，"根本就没有包赢的赌法这种东西，而且不可能有一种赢钱的方法不冒更高的输钱风险？"

"我就是这个意思。"教授说,"不仅如此,我说的不仅适用于赌博这种不重要的问题,还适用于很多乍看起来和概率定理毫无关系的物理现象。关于这一点,如果你能设计出一种能打败概率定理的方法,那么人们能做的事情可比赢钱激动人心多了。人们可以制造不用汽油就能跑的汽车,工厂不需要煤炭就能运转,还有很多其他超乎想象的东西。"

"我在什么地方读到过关于一种假想机器的文章,我记得它们应该叫作永动机。"汤普金斯先生说,"如果我没记错的话,不需要燃料就能运转的机器被认为是不可能实现的,因为人们不能凭空产生能量。但是不管怎么说,这种机器和赌博没有关系啊。"

"你说得非常对,我的孩子。"教授同意地说,很高兴他的女婿至少知道一些关于物理学的事,"这种永动机,他们称之为'第一类永动机',是不存在的,因为它违反了能量守恒定律。但是我说的无须燃料的机器是另外一种类型,通常被称作'第二类永动机'。它们不是被设计用于凭空产生能量的,而是用于从周围的蓄热池——大地、海洋或者空气中汲取能量。比如说,你可以想象一艘蒸汽轮船,锅炉里冒着蒸汽却不需要烧煤,而是从周围的水中提取热量。事实上,如果使热量从冷的物体流到较热的物体上成为可能的话,那么我们不需要其他的方法,就能建造一种系统,能把海水吸上来,提取出其中的热量,然后把剩下的冰块扔回海里。当一加仑的冷水冻成冰时,它所释放出的能量足以让另外一加仑的水几乎达到沸点。人们只需要每分钟从几加仑的海水里提取热量,就可以轻而易举地得到足够的能量,让一台巨大的机器运转起来。实际上,这样的第二类永动机就像凭空创造能量的机器一样好用。要是用这样的机器工作,世界上的每一个人都能像拥有战无不胜的轮盘赌法的人一样。不幸的是，它们同样是不可能实现的，因为它们同样违反了概率定理。"

"我承认试图从海水里提取热量来产生轮船锅炉里的蒸汽是个疯狂的想法。"汤普金斯先生说，"但是，我实在没看出来这个问题和概率定理有什么联系。你肯定不建议用骰子和轮盘当作这些无须燃料的机器的运动部件对吧？"

"当然不是！"教授大笑着说，"至少我认为最疯狂的永动机发明家也不会提出这样的建议。我说的问题在于，热过程本身与掷骰子本质上是十分相似的。希望热量从较冷的物体流向较热的物体，就像希望钱从赌场的钱柜里流进你的钱包一样。"

"你的意思是说赌场的钱柜是冷的，而我的钱包是热的？"汤普金斯问道，现在他彻底糊涂了。

"从某种意义上说，是的。"教授回答，"如果你没错过我上周的讲座，你就会知道热量只不过是进行快速、无规则运动的无数粒子，也就是构成一切物质的原子核分子。这些分子的运动越剧烈，这个物体就会显得越热。由于分子运动是不规则的，所以它就遵守了概率定理。很容易证明的是，一个由大量粒子构成的系统最可能的状态，就是现有的总能量在这些粒子中几乎均匀分布的状态。如果物体的一部分被加热，那就是说这个区域的分子开始运动得更快。那么，我们就可以预料到，通过大量偶然的碰撞，这些额外的热量就会很快均匀地分布给其他粒子。但是由于这些碰撞是完全偶然的，那么也可能出现这样一种情况，仅仅由于偶然，某一部分的粒子可能牺牲其他部分的粒子，得到更多的现有能量。这种在物体的某一部分具有的自发热能聚集现象，也就相当于热量逆着温度梯度流动的现象，在理论上是存在的。但是如果有人想要计算这种自发的热量聚集现象出现的相对概率，他得到的数值会非常小，而在现实中这种现象被认为是不可能发生的。"

"噢，现在我明白了。"汤普金斯先生说，"你的意思是说这些第二类永动机有可能偶尔工作一次，但是这发生的概率就好像掷一百次双骰子都是7的概率一样小。"

"可能性比这还要小得多。"教授说，"事实上，同大自然赌博时，我们成功的概率小到难以用语言来表达。例如，我可以计算出这个房间里的所有空气全部集到桌子下面而让其他地方绝对真空的概率。你一次扔出了骰子的数量应该等于这个房间里空气的分子数，所以我必须知道这里有多少分子。我记得在大气压下，一立方厘米空气中包含的分子数是一个20位的数字，所以在整个房间里的空气分子的总数量有27位数。桌子下面的空间大约是整个房间体积的百分之一，因此任意一个分子在桌子下面而不在其他地方的概率是百分之一。所以，想要计算所有的分子都同时在桌子下面的概率，我就得用百分之一乘以百分之一，这样一直乘下去，直到这个房间的每个分子都乘完为止。最后我得到的结果就将会是一个小数点后有54个零的小数。"

"唉……"汤普金斯先生叹了口气，"我肯定不会把赌注押到这样小的概率上！但是，这不也就意味着任何偏离均匀分布的现象都不可能发生吗？"

"是的。"教授表示同意，"你可以把'我们不会由于所有的空气都跑到桌子下面而窒息致死'当作一个真理，也正因如此，在你酒杯里的液体也不会自动开始沸腾。但是，如果你考虑一个更小的区域，包含的分子（骰子）数量要少得多，这时偏离统计分布的可能性就要更高。比如说，还是在这个房间，空气分子会习惯性地在某一点上更密集一点，产生暂时的不均匀性，这叫作"密度的统计涨落"。当太阳光穿过大气层，这种不均匀性会引起光谱中的蓝光发生散射，这会使得天空呈现我们熟悉的颜色。如果这种密度的涨落存在，那么天空将永远是黑色的，而且星星在白天也清晰可见。同样，当液体接近沸点时呈现出的乳白色，也同样可以用分子运动不规律性所产生的密度涨落来解释。但是，这种涨落极不可能大规模地出现，即使我们等几十亿年可能也看不到一次。"

"但是，这种不寻常的现象还是有可能现在就发生在这个房间里。"汤普金斯先生坚持着，"不是吗？"

"是的，当然有可能，没有理由坚持说，一碗汤不可能由于它的一半分子都偶然地获得同一个方向上的热速度，而自动洒在桌布上。"

"为什么这件事昨天就发生了呢？"慕德叫道，现在她看完了杂志，对他们的对话产生了兴趣，"汤被打翻了，而女佣说她连桌子都没碰到。"

教授笑了起来："在这种特殊的情况下，"他说，"我猜应该是那个女佣对这件事负责，而不是'麦克斯韦[1]的妖精'。"

"麦克斯韦的妖精？"汤普金斯先生奇怪地重复道，"我以为科学家是最不可能相信有妖精之类的人群。"

"没错，我们对他的说法并不是认真的。"教授说，"麦克斯韦是一位著名的物理学家，他引进这个统计学妖精的概念，仅仅是为了把演讲说得更形象而已。他用这个概念阐明热现象的讨论，'麦克斯韦的妖

1.詹姆斯·克拉克·麦克斯韦（James Clerk Maxwell, 1831~1879），英国物理学家、数学家。经典电动力学的创始人，统计物理学的奠基人之一。——译者注

精'被假设成一个勤快的小伙子,他可以根据你的任何指令改变每个分子的方向。如果真的有这样一个妖精,热量就能从温度低的地方流到温度高的地方,而且热力学基本定律——"熵增加原理"[1]都变得一文不值了。"

"熵?"汤普金斯先生重复道,"我以前听说过这个词。我的一个同事有一次举行聚会,在喝了几杯酒后,一些他邀请的化学系的学生开始唱起来——

增加,减少,

减少,增加,

我们到底关心什么?

关心熵增还是减少?

用《啊,我亲爱的奥古斯丁》的曲调,话说回来,"熵"到底是什么呢?"

"这不难解释。"熵"只不过是一个专业术语,用于描述在任意一个物体或者物体系统里分子运动的无序程度。分子之间进行的大量无规则碰撞总是会使熵倾向于增大,因为绝对的无序是任何统计系统最可能存在的状态。但是,如果麦克斯韦的妖精真的能工作的话,他很快就能使分子的运动变得有序,就好像一只优秀的牧羊犬能将一群羊聚拢到一起,并且能控制它们的方向,这时,熵就会开始减小。我还应该告诉你,玻尔兹曼[2]根据所谓的H定理在科学中引进了……"

显然教授忘记了与他讲话的是一个实际上对物理学一无所知的

1.熵增加原理是:在孤立系统中,一切不可逆过程必然朝着熵的不断增加的方向进行。——译者注

2.路德维希·玻尔兹曼(Ludwig Edward Boltzmann,1844~1906),奥地利物理学家,热力学和统计物理学的奠基人之一,他提出了著名的玻尔兹曼熵公式。——译者注

人，而不是一群大学生。教授还在继续讲下去，期间使用了很多像是"广义参数"和"准各态历经系统"这样生僻的术语，还以为自己把热力学的基本定理和它们与吉布斯[1]约西亚·威拉德·的统计力学关系讲得一清二楚呢。汤普金斯先生习惯了他岳父的高谈阔论，所以他像贤明的哲学家那样啜饮着他那加了苏打水的威士忌，试图让自己看起来都理解了。但是这些统计物理学的重要内容对慕德来说肯定是太深奥了，她蜷缩在沙发里，努力地不让眼睛闭上。为了摆脱困意，她决定起身去看看晚饭做得怎么样了。

"夫人需要什么东西吗？"她走进餐厅时，一个穿着优雅的高个儿男管家向她鞠了一躬，问道。

"不需要，我只是来跟你们一起干活的。"她说，心里想着到底为什么他在这里。这实在是太奇怪了，因为他们从来没有聘请过男管家，也肯定雇不起一个男管家。这个人个子很高，有着橄榄色的皮肤、鹰钩鼻，还有一双似乎燃烧着奇怪而强烈火焰的绿色的眼睛。当她注意到在他额头前的黑发半露出两块对称的凸起，慕德的脊梁有一阵战栗闪过。

"如果我不是在做梦的话，"她想，"那么这就是梅菲斯托费勒斯[2]本人从剧院里跑出来了。"

"是我丈夫雇你来的吗？"她大声问道，总觉得该说点什么。

"并非如此。"这个奇怪的男管家回答，在餐桌上极富艺术感地敲了敲，"事实上，我是自愿来这里的，为了向你尊敬的父亲证明，我不

1.吉布斯（Josiah Willard Gibbs，1839~1903），美国物理化学家、数学物理学家。——译者注
2.梅菲斯托费勒斯是歌德创作的《浮士德》中魔鬼的名字，浮士德必须将自己的灵魂抵押在他手中，只要一停止对生命的追求便是死期来临。——译者注

是他认为的虚构人物。请容许我介绍一下自己，我就是"麦克斯韦的妖精"。"

"噢！"慕德舒了一口气，"那你应该不像其他的妖精那么邪恶，你没有害人的意图。"

"当然没有。"这个妖精说着，露出大大的微笑，"但是我喜欢开玩笑，现在我就要和你父亲开一个玩笑。"

"你想要干什么？"慕德问道，她还没有完全消除疑虑。

"如果让我选，我只是想向他证明，熵增加原理是可以被打破的。为了让你相信这一点，我很感谢你能陪我一起完成。这完全没有危险，我可以向你保证。"

"我们这是在哪里？阴曹地府就是这个样吗？"

听了这些话以后，慕德感到妖精的手紧紧地抓住了她的手肘，然后突然她周围的一切都变得非常疯狂。在餐厅里，她熟悉的所有东西都开始以可怕的速度变大，她最后看了一眼椅子的背面，它把整个地平线都覆盖住了。当所有的东西都恢复平静以后，她发现自己被她那同伴拉着飘浮在空中。许多网球那么大、看起来模模糊糊的球，向四面八方嗖嗖略过他们身边，但是"麦克斯韦的妖精"巧妙地使他们不会撞到任何看起来危险的东西。慕德向下看去，她看见一个外表像渔船的东西，船舷上缘堆满了颤动着的、闪闪发光的鱼。但是它们并不是鱼，而是数不尽的模糊的球，非常像在空中从他们身边飞过的那些。妖精带她来到更近的地方，在这里她好像被一团杂乱无章的粗粒粥包围了，有些球浮升到了表面，而另一些则好像往下沉。偶尔有一个球以似乎要冲破宇宙的速度升上表面，而有的球飞过空中直接潜入粗粒粥底部，消失在千千万万个其他小球当中。慕德更仔细地观察这些粗粒粥以后，发现这些球其实有两个不同的种类。如果说大部分的球像是网球，那么那些更大更狭长的则更像是美式橄榄球的形状。所有的球都是半透明的，而且似乎都有一种慕德无法形容的复杂的内部结构。

"我们这是在哪儿？"慕德气喘吁吁地说，"地狱就是这个样子吗？"

"不，"妖精笑着说，"没有那么玄幻。我们只不过是在近距离观察酒杯里一小部分的威士忌液体表面罢了，当你父亲在讲述准各态历经系统时，是这杯液体帮你的丈夫没有打瞌睡。这些球都是分子，这些小圆球是水分子，而这些大而长的球就是乙醇分子。如果你留心算一算这两者数量的比例，你就能发现你的丈夫喝了多么浓烈的饮料了。"

"这非常有意思。"慕德尽量严厉地说，"但是，上面那些看起来像两只正在戏水的鲸鱼般的东西又是什么? 它们总不能是原子鲸鱼吧? "

妖精看向慕德指的方向。"不，它们不是鲸鱼。"他说，"事实上，它们是一些烧煳了的大麦的细小碎片，正是这些配料给威士忌提供了独有的香味和颜色。每个碎片都由数百万复杂的有机分子组成，所以它们比较大也比较重。你看它们弹来弹去，是它们被那些因热运动而异常活跃的水分子和乙醇分子撞击的缘故。有一些关于这些中等大小的粒子的研究，表明这些粒子小到能够受到分子运动的影响，但是又大到能被高倍数的显微镜观察到，这个研究结果使得科学家第一次直接证明了热动力学理论。通过测量悬浮在液体中的微小粒子跳的塔兰台拉舞[1]的强度，也就是"布朗运动"[2]的强度，物理学家们就能够直接得到分子运动能量的一手资料。"

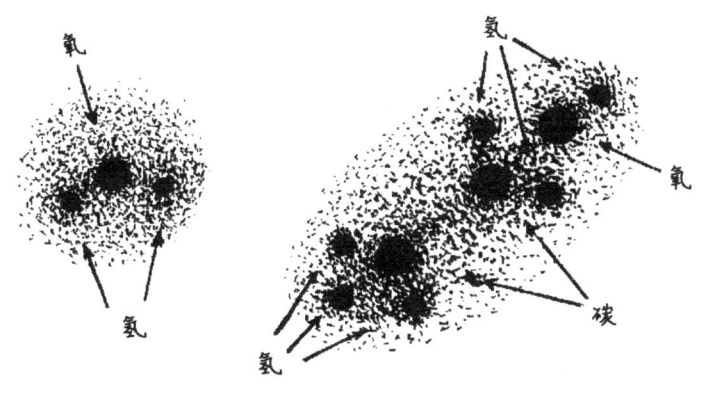

微小粒子的布朗运动。

1.塔兰台拉舞是意大利南部的一种速度极快的民间舞蹈，据传: 被一种叫塔兰图拉的毒蜘蛛咬伤的人，要剧烈地跳舞才能解毒。

2.被分子撞击的悬浮微粒做无规则运动的现象叫作布朗运动。

最后，妖精又带着她穿过空气，来到了一面由数不清的水分子像砌砖一样整齐而紧密排列在一起形成的墙壁前。

"真是令人震撼啊！"慕德赞叹道，"这正是我一直想为我的那张画像寻找的背景啊！那么这座漂亮的建筑是什么？"

"这是冰晶体的一部分，是你丈夫杯子里很多冰块中的一块。"妖精说，"现在，如果你不介意，我该开始和那位自信的老教授开个玩笑了。"

说着，麦克斯韦的妖精便让慕德像个不幸的登山者那样留在那块冰块的边缘上，自己开始工作了。他拿起一个像网球拍一样的器械，开始猛打他周围的分子。左一下右一下，他总是能及时地击中每一个坚持飞错方向的"顽固分子"。尽管慕德所在的位置显然有些危险，但她还是情不自禁地佩服他那极好的速度和准确度，每当他成功地使一个速度飞快并且难度极高的分子改变方向，她就会非常兴奋地为他喝彩。相比她现在看的这场表演，那些她看过的网球冠军似乎都成了无可救药的笨蛋。几分钟以后，妖精的工作成果就非常显著了。现在，尽管液体表面覆盖着一些运动缓慢的不活跃的分子，慕德脚下的那部分分子则比以往任何时候都剧烈地颤动着。在蒸发过程中，从表面逃逸出去的分子数量迅速增加。现在有成千上万个分子结合在一起跑掉，就像巨大的气泡飞离表面。然后，一大片蒸汽挡住了慕德的整个视线，现在她只能偶尔看见嗖嗖闪过的球拍，或者在大量狂乱的分子中看见妖精的衣服后摆。最后，在慕德停留的那块冰块上的分子倒塌了，她掉进了浓重的蒸汽云雾中……

当云雾散开，慕德发现自己坐在餐厅里她之前坐的那把椅子上。

"可怕的熵!"她的父亲叫道,着迷地盯着汤普金斯先生的酒杯,"它在沸腾!"

杯子中的液体被剧烈冒出的气泡覆盖了,接着一缕蒸汽缓慢地向天花板升起。但是更奇怪的是,那杯饮料只有在冰块周围的较小区域在沸腾,剩下的饮料还是非常冷的。

"可怕的熵!它在沸腾!"

"想想看!"教授还在敬畏当中,声音颤抖着说,"我正在这里给你讲熵定律中的统计涨落,然后我们就真的看见了一次!由于某种难以置信的概率,这可能是自从地球开始存在以来第一次发生,那些运动较快的分子全部偶然自发地聚集在一部分水面上,使得水自动开始沸腾的现象!就算再过几十亿年,我们可能还是唯一有机会看到这种非同寻常现象的人。"教授盯着那杯慢慢冷却下来的饮料,"我们真是幸运啊！"他满足地舒了一口气。慕德微笑着，但是什么也没说。她并不想和父亲争辩，但是这一次，她确信自己比父亲了解的更多。

第十章　快乐的电子部落

几天以后，汤普金斯先生吃过晚饭，想起来他答应去参加今天晚上教授关于原子结构的讲座。但是他实在厌倦岳父没完没了的演讲，所以他决定忘掉这场讲座，在家舒舒服服地度过一个夜晚。但是，他坐下准备好好看一本书时，慕德堵住了他逃学的路，她看了看时钟，然后温柔而坚定地提醒他差不多到时间该动身了。所以，半个小时以后，他和一群求知若渴的大学生一起，坐在了大学演讲厅的硬木头长椅上。

"女士们、先生们，"教授透过他的眼镜庄重地看向大家，开始了他的讲座，"在我上一场讲座中，我答应大家详细地讲一讲原子的内部结构，并且解释这些特点是如何导致原子的物理和化学性质的。当然了，你们知道，原子已经不再被认为是物质最基本、最不可分割的组成部分了，现在这样的角色已经交给电子、质子等更小的粒子来扮演。"

"物质的基本组成粒子代表了物质可分割性的最后一步的想法，可以追溯到公元前4世纪的古希腊哲学家德谟克利特。在思考事物隐藏的本质时，德谟克利特碰到了物质结构的问题，他心中有这样的疑问：事物是否可以分成无限小的组成部分？由于在那个时期，除了靠单纯的思考以外，人们不习惯使用其他方法来解决问题。而且这个问题在当时也没有任何实验方法能够解决，于是德谟克利特只能在他的思想深处寻求正确的答案。根据一些模糊的哲学思考，他最终得出结论说：物质可以无限制地分成越来越小的部分是'无法接受的'，人们必须假定有'不可再分的最小粒子'的存在。他称这种粒子为'原子'，你可能知道，也就是在希腊文中'不可再分'的意思。"

"我不想贬低德谟克利特为自然科学的进步所做出的巨大贡献，但是我们应该记得，除了德谟克利特和他的追随者，毫无疑问还有另外一个希腊哲学学派，这些追随者认为物质的可分割性可以无限制地进行下去。所以，不管未来的精密科学给出的答案是什么，古希腊的哲学家在物理学历史上的崇高地位都是不可动摇的。从德谟克利特时期到19世纪，关于物质不可再分部分的存在一直是一个单纯的哲学假说。直到19世纪，科学家们才终于发现早在2000年前就被古希腊的哲学家预言到的这种不可再分的物质基础。"

"事实上，在1808年，英国化学家道尔顿[1]指出，相对比例……"

几乎在讲座开始的时候，汤普金斯先生就感到一种难以抵抗的想要闭上眼睛并把整个讲座睡过去的强烈愿望，只不过由于长椅有着学院式的坚硬，使他没能这么做。但是，道尔顿关于"相对比例"法则的想法成了压倒骆驼的最后一根稻草，于是，安静的演讲厅很快弥漫着角落里的汤普金斯先生的轻快的鼾声。

当汤普金斯先生进入梦乡时，那条不舒服的坚硬长椅好像融化成了飘浮在天空中的愉悦感，他睁开眼睛时，惊讶地发现自己正以一种自认为十分莽撞的速度在空间中横冲直撞。他看向周围，发现在这个荒诞的旅途中，他并不是一个人。在他身旁有一大群模糊的身影在围绕着人群当中一个巨大的、看起来很重的物体周围猛冲，这些奇怪的人们成对出行，沿着圆形和椭圆形的轨迹快乐地互相追逐。这时，汤普金斯先生突然感到非常孤独，因为他是整个人群中唯一没有玩伴的人。

"我为什么没有带慕德一起来呢？"汤普金斯先生沮丧地想，"我们本可以和这些开心快乐的人们一起度过美好的时光。"他运动的轨道在其他人外面，尽管他非常想加入这个派对，但是作为落单的

1.约翰·道尔顿（John Dalton，1766~1844），英国化学家、物理学家，近代原子理论的提出者。

人的不适感让他没有这样做。但是,当其中一个电子(直到现在汤普金斯先生才意识到他奇迹般地参加了一个原子的电子团体)从它扁长的轨道从他身边经过时,汤普金斯先生决定向他诉说自己的境遇。

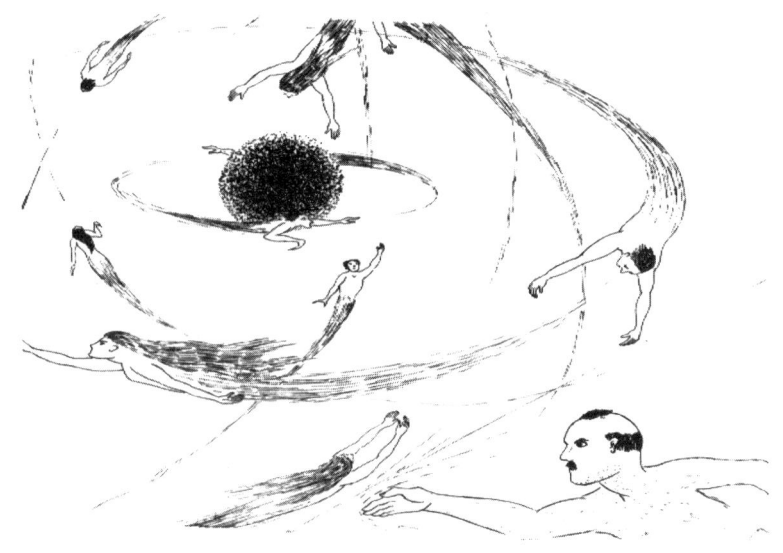

他们似乎在跳着维也纳尔兹舞。

"为什么我没有同伴一起玩呢?"他在旁边喊道。

"因为这是一个孤独的原子,而你正好是一个价电子……"说着那个电子转了个弯,回到了跳舞的人群中去了。

"价电子们独自生活,或者去另一个原子中找伴侣。"另一个电子用很高的女高音从他身边掠过。

　　"如果你想要美丽的伴侣,

　　　就跳到氯原子中去寻找。"

另一个电子嘲弄地唱成了小曲儿。

"我看得出来你是新来的，我的孩子，而且非常孤独。"一个友好的声音在头上响起，汤普金斯先生抬起头看见一个穿着棕色束腰外衣的神父的矮胖身影。

"我是泡利[1]神父。"神父继续说，他随着汤普金斯的轨道一起运动，"我一生的使命是关注原子中和其他地方电子的道德和社会生活。我的责任是保证这些贪玩的电子正常分布在由我们伟大的设计师玻尔建立的美丽的原子结构中的量子房间中。为了维持秩序、保持礼貌，我从来不允许两个以上的电子处于同一个轨道上。你知道，三角关系总是要惹很多麻烦。所以，电子们永远都以'自旋'方向相反的两个电子成对组合，而且如果一个房间已经有一对电子，外来者就不允许进入了。这是一个很好的规则，而且我可以补充一点，从来没有一个电子违背我的戒条。"

"也许这是个好的规则，"汤普金斯先生反对说，"但是现在对于我来说太不方便了。"

"我知道这一点。"神父笑着说，"但是只因为你不走运，成了孤独原子中的价电子。你所在的钠原子是由于原子核（就是你在中心位置看见的那一团黑色的东西）的电荷，享有保持11个电子的权利。

但是，这对于你来说不太走运，因为11是个奇数，但是当你考虑到所有数字中，一半数字是奇数，另一半是偶数，你就知道这种情况并不罕见。所以，既然你是个后来者，你至少还需要孤独地过一阵子。"

1.沃尔夫冈·泡利（Wolfgang E.Pauli, 1900~1958），美籍奥地利科学家、物理学家。1945年因提出了泡利不相容原理而获得诺贝尔物理学奖。——译者注

我是泡利神父。

"你的意思是说我还有机会以后能得到个伴侣?"汤普金斯先生急切地问,"比如说把一个老住户赶走?"

"不是这样做的。"神父说着,向他摇了摇胖乎乎的手指,"但是,当然了,总有一些机会使得内圈里的某些成员被外界的干扰甩出去,空出一个位置。但是如果我是你,我可不抱什么希望。"

"他们告诉我,如果我搬到氯原子那儿去,我就能过得好些。"汤普金斯先生说,听了神父的话他有点泄气,"你能告诉我该怎么做吗?"

"年轻人,年轻人!"神父惋惜地说,"为什么你坚持要找一个伴侣呢?为什么你就不能珍惜独自生活,在这个天赐的良机里平静地凝视你的灵魂呢?但是如果你坚持要一个伴侣,我会帮助你实现愿望。如果你看向我指的方向，你就会看见一个氯原子正在靠近我们，尽管它离我们还有很远，你还是能看见一个空缺的位置，在那里你会大受欢迎的。那个空位在电子的外部壳层里，也就是所谓的'M壳层'，这一层应该由8个电子组成，构成4对。但是，正如你所看见的，那里有4个电子向一个方向自旋，而向另一份方向自旋的电子只有3个，有一个空位。在内部的两个壳，即所谓的'K壳层'和'L壳层'，是完全被填满的，所以电子很乐意让你过去，使得它的外壳层也被填满。当两个原子距离很近时，你就跳过去，价电子经常这样做。愿安宁永在，我的孩子！"说完这些话，电子教士那感人的身影突然消失在稀薄的空气中。

汤普金斯先生感到开心多了，他集结了自己的全部力量，准备纵身一跃到经过的氯原子轨道中。让他惊讶的是，他轻松而优雅地一跃就跳了过去，他发现自己处在氯原子M壳层的成员都宜人的环境当中。

"很高兴你加入我们！"那个与汤普金斯先生自旋方向相反的新伴侣喊道，顺畅地在轨道上滑翔着，"现在没人能说我们的社区是不完整的了。现在让我们快乐地在一起吧！"

汤普金斯先生同意了，这真的很愉悦，非常快乐，但是他心中还是有一丝忧虑。"当我再次看到慕德时，我要怎么跟她解释呢？"他内疚地想，但是没过多久，"她当然不会介意了。"他断定道，"毕竟，这些不过是电子而已。"

"为什么你离开的那个原子还不走？"他的伴侣噘着嘴问道，"难道它还希望你回去？"

事实上，由于那个钠原子失去了它的价电子，紧紧地黏住了这个氯原子，就好像希望汤普金斯先生能回心转意，跳回到他那孤单的轨道上。

"你想要怎么样?"汤普金斯先生冲着那个冷漠对待他的原子皱着眉头,生气地说,"你这个占着茅坑不拉屎的家伙!"

"噢,他们经常这样。"一个比较有经验的M壳层成员说,"我知道,在钠原子的电子社区不像钠原子核本身那么希望你回去。在中心的原子核和它的电子卫队之间总是有一些不同意见:原子核想要它的电荷尽可能多地拉住电子,然而电子本身则更希望有足够的电子填满壳层就可以了。只有几种原子,即所谓的稀有气体,或者德国化学家所说的惰性气体,在这些原子中,主导原子核和周围的电子的愿望是完全和谐一致的。比如,氦、氖、氩原子非常满足,所以它们既不撵走它们的电子,也不邀请新的进来。它们在化学上是不活跃的,这与所有其他的原子都不同。而所有其他原子的电子社区总是准备改变成员的数目。在钠原子中,也就是你之前的那个家,原子核靠它的电荷所持有的电子数,比使它的壳层达到和谐所必要的电子数多一个。而另一方面,我们的原子中正常电子数却不够达到一个和谐的状态,所以我们很欢迎你的到来,尽管你的出现使得我们的原子核负荷过重。但是,只要你待在这里,我们的原子就不再是中性的了,而是有一个多余的电荷。所以,那个你离开的钠原子就会由于静电引力的作用停靠在我们旁边。我曾经听到我们伟大的泡利神父说过,这些得到或失去电子的原子集体,叫作'负离子'或'正离子'。他还使用'分子'这个词形容两个或者更多原子由于电子的作用力而结合在一起的组合。无论如何,他把这个钠原子和氯原子的特定组合叫作'食盐'分子。"

"你的意思想要告诉我,你不知道食盐是什么吗?"汤普金斯先生说,忘记了他在和谁说话,"那你在吃早餐的时候撒在炒鸡蛋上的是什么啊?"

"'炒鸡蛋'是什么？'早餐'又是什么？"那个好奇的电子问。汤普金斯先生刚有些气急败坏，突然意识到试图给他的伙伴们解释人类生活中最简单的细节小事，是徒劳无功的。"这就是为什么我也不能从他们关于价电子和满壳层的谈话中听懂更多东西。"他对自己说，决定好好参观一下这个奇妙的世界，而不再因为不能理解它而烦恼。但是，想要离开那个健谈的电子可不太容易，显然他有强烈的渴望想要把他长期的电子生活中获得的所有知识传授出去。

"你别以为，"他继续说，"将原子结合成分子这件事总是由一个价电子完成的。有些原子，比如说氧吧，它需要增加2个电子来使它们壳层完整，还有一些原子需要3个电子甚至更多。另一方面，在一些原子中，原子核有两个或者更多多余的电子，也就是价电子。当这些原子相遇时，就会有很多电子从一个原子跳到另一个原子那儿去，并且结合起来，正因如此，就会形成非常复杂的分子，这些分子常常由几千个原子组成。还有一些所谓的'无极性分子'，它们是由两个完全相同的原子组成的分子，但这是一种非常不愉快的局面。"

"不愉快，为什么？"汤普金斯先生问，他又一次感兴趣了。

"有太多事情要做。"电子解释道，"才能维持它们在一起。不久以前，我碰巧承担了这项任务，我待在那儿的时候，我没有片刻空闲。为什么呢？因为那里可完全不像这里，价电子都开开心心地搬个家，使得那些电子短缺、被遗弃的原子停靠在旁边而已。不！完全不是这样的，先生。为了维持两个完全相同的原子结合在一起，价电子需要跳来跳去，刚从一个原子跳到另一个原子，就得马上再跳回来。我的老天爷！我觉得自己像个乒乓球。"

汤普金斯先生听到以后非常惊讶，这个电子不知道什么是炒鸡蛋,却能流畅地谈到乒乓球,但是他决定先放过这件事。

"我再也不想做这样的工作了!"这个懒惰的电子抱怨着,沉浸在不愉快的思绪里,"我现在所在的地方让我感到非常舒适。"

"等一下!"他突然大叫起来,"我想我看到一个更好的地方可以去。再——见!"说着,他使劲一跳,朝着原子的内部冲去。

看着他的交谈者离开的方向,汤普金斯先生明白发生什么了。似乎是某种高速的外来电子出乎意料地闯进了他们的原子系统,使得内圈里的电子被撞出了原子,一个在"K壳层"的温暖舒服的位置空缺了出来。汤普金斯先生有些责备自己错过了进入内圈的好机会,现在他聚精会神地看着那个刚才还同他讲话的电子的行动。那个开心的电子越来越深地飞驰在原子内部,明亮的光线伴随着他胜利的飞行。直到他终于达到内圈的时候,那刺得人睁不开眼的光芒才终于熄灭了。

"那是什么?"汤普金斯先生问,他的眼睛由于看见那出乎意料的现象而感到疼痛,"为什么会变得这么明亮?"

"噢,那只是在跃迁过程中发出的X射线罢了。"他的同轨道伴侣解释着,一边笑他的窘态,"只要我们中的一个成功进入原子内部越来越深的地方,多余的能量就必须以辐射的形式释放出来。这个幸运的朋友跳得很远,所以也释放了很多能量。通常我们满足于比较近的跳跃,跳到原子的郊区,这时发出的光我们叫作'可见光'——至少泡利神父是这么称呼它的。"

"但是这个X光,或者无论你怎么叫它吧,也是可见的啊。"汤普金斯先生争辩道,"我应该说,你的专业术语非常容易误导人。"

"那是因为我们是电子,我们对任何一种射线都很敏感。但是泡利神父告诉我们世界上存在一些巨大的生物,他叫他们'人类',他说人类只能看见一段很窄能量间隔的光，或者他也叫这种间隔为波长范围。他还告诉我们有一个伟大的人，我记得他叫伦琴[1]，这个人发现了X射线，现在X光被广泛应用于一种叫'医学'的领域。"

"噢，是的。关于这个我倒是知道的很多，"汤普金斯先生说，现在他因为自己终于可以露一手而感到骄傲，"想让我给你讲讲吗？"

"不用了，谢谢。"那个电子打着哈欠说，"我真的不感兴趣，难道你不说话就不会开心吗？试试看你能不能追上我吧！"

接下来很长的时间，汤普金斯先生一直享受着与其他电子在空中用一种荣耀的荡秋千的动作飞驰的快感。然后，他突然感到自己的头发竖了起来，这是他从前在雷雨交加的山里才有过的一种体验。很显然，有一股强大的电子干扰正在逼近他们的原子，打破了电子运动的和谐，并且迫使电子们严重偏离了正常的轨道。从人类物理学家的观点看来，这只不过是一道紫外线正在经过这个特定原子所在的地点，但是对于小小的电子来说，这是一场可怕的电子风暴。

"紧紧抓住！"他的一个伙伴大声喊道，"不然你就会被光效应的作用力甩出去！"但是这已经太晚了。他从他的同伴身边被掠走，以可怕的速度被扔进了空间，整个过程干脆利落得就好像有两只强有力的手指把他捏住了。他喘不过气，在空间中越飞越远，掠过所有各种各样的原子，他飞行的速度太快了，以至于他几乎分辨不出那些电子。突然，一个巨大的原子隐隐约约地出现在他的面前，他知道一场碰撞是避免不了的了。

"不好意思，但是我受到了光效应，我不能……"汤普金斯先生

1.威廉·康拉德·伦琴（Wilhelm Röntgen, 1845~1923），德国物理学家。1895年11月8日发现了X射线，为开创医疗影像技术铺平了道路，1901年和1903年两次获得诺贝尔物理学奖。——译者注

开始礼貌地说，但是剩下的话淹没在一声震耳欲聋的撞击声中，因为他正好撞上另一个外层电子。他们两个大头朝下地坠入空间中。但是，他在碰撞中失去了他大部分的速度，所以现在他能够近距离地研究一下新环境了。在他旁边屹立的原子比他之前看到的任何一个原子都要大得多，而且他可以数出它们每一个原子都拥有29个电子之多。如果他的物理知识再丰富一点，他就可以认出这些是铜原子，但是在距离这么近的地方，这些原子作为一个整体一点也不像铜。它们相当紧密地排列在一起形成了一种规律的图案，并且一直延伸到他看不见的地方。但是，令他最惊讶的是，这些原子似乎并不执着于保持它们的电子数量，尤其是它们的外层电子。事实上，外圈几乎是空的，而一大群无所牵挂的电子正在空间中懒洋洋地四处游荡，时不时在一个原子或另外一个原子的旁边停下来，但是不会停留很久。经过在空间中他那段要命的飞行之后，他感到疲惫不堪，他首先想到的是在其中一个原子的稳定轨道上休息一会儿。但是，他很快就被人群中那些普遍的懒散情绪所感染，于是他加入到了其他电子漫无目的的运动中。

"这里的事情组织得不太好啊。"他对自己说，"这里有太多的电子无所事事了。我想泡利神父应该管一管。"

"为什么我该管一管？"神父熟悉的声音响了起来，他突然从什么地方现身了，"这些电子没有不遵守我的戒律，不仅如此，它们其实是在做非常有用的工作。你可能有兴趣知道，如果所有的原子都像某些原子那样，非常热衷保持它们的电子，那就不会有导体这种东西了。如果是那样，你家里的电铃都响不了，更别说电灯和电话了。"

"哦，你是说这些电子负载着电流吗？"汤普金斯先生问道，他抓住了一线希望，希望对话能转移到他熟悉一点儿的话题上去，"但是，我没看见它们在朝某个特定的方向运动啊。"

"首先，小伙子，"神父严肃地说，"你不应该用'它们'这个词，而应该用'我们'。你似乎忘了你也是一个电子，无论什么事情，如果有个人按下连接这根铜线的开关，电的压力就会导致你和其他所有导电电子一起冲过去呼叫女仆。"

"但是我不想这么做。"汤普金斯先生固执地说，他的声音里带着急切的口气，"事实上，我厌倦做一个电子了，我觉得这没什么乐趣。多糟糕的生活啊，要永远永远承担着所有这些电子的责任！"

"不一定是永远。"泡利神父反对道，他肯定不喜欢站在平凡电子的立场上争辩，"总有一些机会会发生湮灭，你就不再存在了。"

"湮……湮灭？"汤普金斯先生重复道，他感到一股寒意在他的后脊梁上来回流过，"但是我一直以为电子是永恒存在的。"

"直到不久以前，物理学家们曾经也是这么认为的。"泡利神父同意地说，被他的话产生的效果逗笑了，"但是这并不是完全正确的。电子像人类一样，可以出生和死去。当然了，它们不会衰老而死，只有碰撞才会让它们死亡。"

"可是，就在刚才我发生了碰撞，而且还是相当严重的。"汤普金斯先生说着恢复了一点信心，"如果那场碰撞没有让我玩儿完，我可想象不出什么样的碰撞才能行。"

"这不是你碰撞得多剧烈的问题。"泡利神父纠正他说，"而是跟谁碰撞的问题。在你最近的那次碰撞中，你可能碰到的是另一个负电子，和你非常相似，在这样的冲突中，一点儿危险也没有。事实上，你们会像一对公羊一样顶着对方几年，而没有任何伤害。但是有另外一种电子，正电子，最近才被物理学家们发现。这些正电子或者叫阳电子，和

146

你们的行为一模一样，唯一的不同之处就是它们的电荷是正的，而不是负的。当你看见这样的伙伴向你靠近时，你以为它只是你部落里一个无辜的成员，所以上前打招呼。但是这时你会突然发现，这个电子不会像任何普通电子那样推开你避免相撞，而是把你拉过去。这时一切都来不及了。"

"太可怕了！"汤普金斯先生喊道，"一个正电子能吃掉多少个可怜的普通电子呢？"

"幸而只有一个，因为毁灭一个负电子的话，正电子也会毁灭自己。人们称它们为自杀俱乐部的成员，寻找互相湮灭的对手。它们不会伤害同类，但是只要一个负电子碰上它们，就没有多少逃生的机会了。"

"幸好我还没有碰到一个这样的怪物。"汤普金斯先生说，他对这些描述印象深刻，"我希望它们数量不太多，它们数量多吗？"

"不，不太多，原因很简单，它们总是在找麻烦，所以它们出生后就消失得非常快。如果你等一分钟，我也许可以指出一个来给你看。"

"对了，这里有一个。"在短暂的沉默之后，泡利神父继续说，"如果你仔细看那边的重原子核，你就会看见一个正电子正在诞生。"

那个神父所指的原子显然由于某种从外界照射过来的强大辐射，受到了强烈的电磁干扰。这场电磁干扰比把汤普金斯先生扔出氯原子的干扰要猛烈得多，那个原子核周围的电子家族正在被驱逐，它们就像台风中的落叶一样被吹得到处都是。

"你仔细看那个原子核。"泡利神父说，汤普金斯先生聚精会神地看见在被毁坏的原子深处发生着最不寻常的现象。在电子壳层内部、非常靠近原子核的地方，两个模糊的影子正在逐渐地成形，一秒钟后，汤普金斯先生看见两个闪闪发光的崭新的电子，以非常大的速度从它们的出生地飞出。

"但是，我看见了两个。"汤普金斯先生说，他被这种景象震慑住了。

"没错。"泡利神父说，"电子总是成对诞生的，否则就会违反电荷守恒定律。原子核在强烈的γ射线的作用下诞生的两个粒子，其中一个是普通的负电子，而另外一个是正电子，也就是"凶手"。现在它就要去找一个受害者了。"

"好吧，如果每诞生一个注定毁灭一个电子的正电子，都伴随着一个普通电子的诞生，那么事情也没有那么糟。"汤普金斯先生沉思着说，"至少，不会导致电子部落的灭绝，我……"

"小心！"神父打断了他，同时从旁边猛推了一下他，这时正电子从离他只有一英寸的地方呼啸而过，"当这些凶手粒子在附近时，你多小心也不为过。但是我想我已经花了太长时间跟你讲话了，我还有其他的事情要去做，我得去找找我的宠物'中微子'……"

接着，神父还没有让汤普金斯先生知道什么是"中微子"，以及是否也应该害怕它，就消失不见。所以，在被抛弃以后，汤普金斯先生觉得比以前更加孤独了，当一个又一个同伴电子接近他在空间中的旅途时，他甚至心怀孤注一掷的想法，希望在每个无辜的外表下可能隐藏着一颗凶手的心。过了很长的一段时间，对他来说好像有几个世纪，他的恐惧和希望都没有得到实现，所以他只能不情愿地承担起导电电子的沉闷职责。

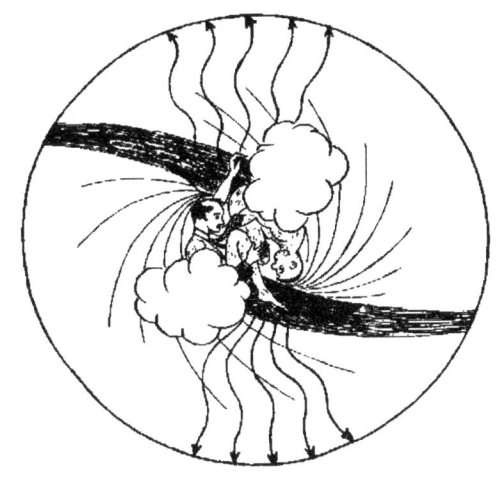

"放开我！放开我！"

　　后来，突然间，他的期望值达到最低的时候，事情发生了。汤普金斯先生感到一种需要跟人交流的强烈渴望，就算跟一个傻乎乎的导电电子也行，于是他靠近一个从他身边缓慢经过的粒子，那个粒子显然在这段铜线中是新来的。但是，即使还有一段距离，他意识到自己做了一个错误决定，有一股难以抵抗的吸引力把他拉了过去，没办法撤退。有一秒钟，他试图挣扎着把自己强行拉走，但是他们之间的距离迅速地变得越来越小，他似乎看见捕获者的脸上露出一丝恶魔般的笑容。

　　"放开我！放开我！"汤普金斯先生用他最大的声音喊叫着，双手奋力挣扎，双腿乱踢，"我不想被湮灭，我今后永远都导电！"但是一切都是徒劳的，周围的环境突然被令人炫目的强烈灯光照亮了。

　　"好吧，我玩完儿了。"汤普金斯先生想，"但是我还是能思考是怎么回事？难道只有我的身体被湮灭了，而我的灵魂到了量子天堂？"接着他感到了一种新的作用力，不过这次更加温柔，坚定而果断地摇晃他。于是他睁开眼睛，认出来是大学的看门人。

"我很抱歉，先生。"他说，"但是讲座已经结束一会儿了，我们现在要关闭大厅了。"汤普金斯先生忍住哈欠，看上去很不好意思。

"晚安，先生。"看门人面带同情的微笑说。

第十一章
上一场讲座中汤普金斯先生因为睡着而错过的部分

事实上，早在1808年，英国化学家道尔顿就指出，形成比较复杂的化合物所需要的各种化学元素的相对比例总是可以用整数之比来表达，他把这种经验定律的原因理解为：所有的化合物都是由代表简单化学元素不同数量的粒子组成。中世纪的炼金术不能把一种化学元素转化成另外一种化学元素，证明了这些粒子显然是不可分割的，于是，人们毫不犹豫地给它们起了一个古老的希腊名字："原子"。这个名字一旦给出，就一直沿用下来，尽管我们现在知道这些"道尔顿的原子"并不是不可分割的，它们实际上是由很多更小的粒子组成的，但是我们对它们的名字在语言学上的不一致性，采取视而不见的态度。所以，被现代物理学家称作"原子"的实体，根本不是德谟克利特想象出来的物质的基本元素以及不可分割的组成单位，而"原子"这个词如果用于组成"道尔顿的原子"的电子和质子这些小得多的粒子上时，就会比实际上正确得多。但是，名字上的改变会引起很多困惑，更何况物理学界没有人会在乎语言学上的一致性！所以，我们沿用了道尔顿概念中"原子"这个古老的名字，而把电子、质子等等称作"基本粒子"。

基本粒子这个名字当然表明，现在我们认为这些更小的粒子确实是道尔顿概念中的基本的、不可分割的粒子，你可能要问我历史会不会重演，随着科学的进步，现代物理学中的基本粒子是否真的不会被证明是复合体。我的答案是，尽管谁也不会绝对保证这种事情不会发生，但是我们有充分的理由认为，这次我们是完全正确的。事实上，有92种不同的原子（根据92种不同的化学元素），而且每种原子都有非常复杂的不同特性。这种情况本身，就需要人们沿着把一个复杂的图景归纳成更基本图景的方向进行某种简化。另一方面，今天的物理学家只承认有少量的不同种类的基本粒子：电子（带正电和带负电的轻质粒子），核子（带电或不带电的重质粒子，也叫作质子和中子），以及可能是所谓的中微子，它的性质尚未完全明确。

这些基本粒子的性质是极其简单的，所以进一步的归纳并不能得到多少简化。再说，你们也会理解，如果你想要构建复杂的东西，就必须要应用几个基本概念，而两三个基本概念并不是太多。所以在我看来，你可以将你的最后一块钱押在现代物理的基本粒子将会名副其实这件事上，是再安全不过的了。

现在，我们可以回到道尔顿的原子是如何由基本粒子构建而成的问题上了。这个问题第一个正确的答案是在1911年由英国物理学家卢瑟福[1]（也就是后来的纳尔逊的卢瑟福勋爵）提出的，他当时通过用放射性元素衰变过程中发射出的快速移动的微型子弹（即α粒子）轰炸各种原子，来研究原子的结构。通过观察这些子弹在经过一块物质后的偏转（即散射），卢瑟福得出结论：所有的原子都具有一个非常密实的带正电的核心（即原子核），在它周围是一团相当稀疏的负电荷云（原子大气）。今天我们知道原子核是由一定数量的质子和中子（统称为"核子"）组成的，它们被一种很强的内聚力紧紧团结在一起。而原子大气是由不同数量的负电子构成的，它们在原子核正电荷的静电吸引力下，围绕在原子核周围。这些形成原子大气的电子数量决定了特定原子的所有物理和化学性质，这个数目按照化学元素的天然次序从1（也就是氢）一直增大到92（已知最重的元素：铀）。

尽管卢瑟福的原子模型看起来很简单，但是想要详细理解它则绝

1.欧内斯特·卢瑟福（1st Baron Rutherford of Nelson, 1871~1937），英国著名物理学家，原子核物理学之父。因为对元素蜕变以及放射化学的研究，他荣获1908年诺贝尔化学奖。——译者注

不是简单的事。事实上，根据古典物理学最可靠的信念，在带负电荷的电子围着一个原子核旋转的过程中，就一定会在辐射（即发射光线）的过程中失去它的动能，并且已经计算出，由于这种稳定的能量损失，所有形成原子大气的电子都应该在远小于一秒的时间内，在原子核上发生坍缩。但是，古典理论的这种看似合理的结论与经验事实形成了非常尖锐的矛盾，经验事实是相反的原子大气相当稳定，原子中的电子不在原子核上坍缩，而是无限期地持续围绕在中心体周围转动。因此，我们看见了在古典力学的基本概念和原子世界中微小结构单元力学行为的经验数据之间，存在着根深蒂固的矛盾。这个事实使得丹麦著名物理学家玻尔意识到，几个世纪以来这个声称在自然科学体系中具有特权和稳固地位的古典力学，从现在起被认为是一个局限的理论，它适用于我们日常经验的宏观世界，但是应用到发生在各种原子中精细得多的运动上时却彻底失败了。为了使这种新的、广泛应用的力学实验性基础能够同样应用在原子机械微小部件的运动中，玻尔提出了一种假设，那就是从古典理论所有无限多种类的运动中，只有少数几个特定种类才能够在自然界中实现。这些被许可的运动类型或者轨道，根据一定的数学条件（即玻尔理论的量子条件）挑选出来。在这里，我不打算详细地讨论这些量子条件的细节，而只是想指出，这些条件的选法是，如果移动粒子的质量远大于我们在原子结构中遇到的粒子质量，那么这些条件的所有限制都将变得没有实际意义。所以，应用到宏观物体上时，这种新的微观力学与旧的古典理论（对应的原理）得到了完全相同的结果；而只有应用于微小的原子机械中，这两种理论的分歧才具有重要的价值。在不深入讨论细节的情况下，我将从玻尔理论的观点出发，通过展示玻尔的原子中的量子轨道图来满足大家的好奇心。（请看第一张图！）你们看这里，当然是在放大很多倍的尺寸下，这些圆形和椭圆形的一系列轨道，代表了构成原子大气的电子在玻尔的量子条件下"被许可"的运动类型。古典力学允许电子在离原子核任何距离的位置移动，并且对于其轨道的偏心率（即伸长率）没有限制，而玻尔理论选定的轨道形成了一系列离散的集合，它们所有特定尺寸都有严格的定义。在每个轨道旁边的数字和字母表示轨道在一般分类法中的名称，例如，你们可能注意到，较大的数字对应于直径较大的轨道。

尽管玻尔的原子结构的理论在解释各种原子和分子的性质时，被证明是非常富有成效的，但是这些分立的量子轨道的基本概念仍旧相当不清楚，我们越想深入分析古典理论中这种不寻常的限制，整个图像就越不清晰。

最后人们终于弄清楚，玻尔理论的缺点在于，它不是用某些根本方法来改变古典力学，而是简单地通过附加条件限制古典力学的结果，而这些条件在原则上对于古典力学的整体结构又是不相容的。过了13年，这个问题的正确答案才以所谓"波动力学"的形式出现，它根据新的量子原理对古典力学的整个基础进行了修改。尽管这个波动力学体系第一眼看上去比玻尔的旧理论还要奇怪，但是这个新的微观力学却代表了今天理论物理学最合逻辑、最被人们所接受的组成部分。

因此，我们得到了原始的玻尔·索末菲方案，
用于氢原子电子中被许可的量子轨道。

由于新力学的基本原则，尤其是"测不准性"和"弥散轨道"的概念在我之前的讲座中已经讨论过了，你们可以回忆一下或者在你们的笔记里找找看，然后我们就要回头讨论原子结构的问题了。现在我展示的这幅图（请看第二张图！），你可以看到，波动力学是怎样从"弥散轨道"的观点出发，使得电子在原子中的运动可视化的。这张图片所展示的运动类型与上一张图片中用古典方法展现的运动类型（但是，由于技术原因，现在把每种运动类型分开画）正好是同一种，但是我们现在看到的并非玻尔理论那种清晰的线轨道，而是与基本的测不准原理相一致的模糊的样式。标记在不同运动状态上的符号也和上一幅图片中的符号相同，将这两幅图片比较一下，如果你能稍微发挥一下想象，就会注意到我们的云状图案非常忠实地重复了旧的玻尔轨道的基本特点。

157

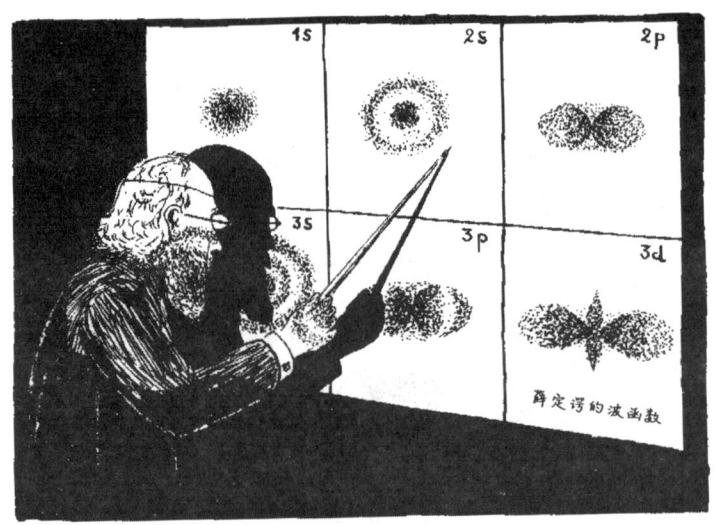

薛定谔的波函数。

　　这些图片为大家清晰地展示了，在量子作用的情况下，古典力学精美的旧式轨道会发生什么变化，尽管外行可能会认为这不过是个虚幻的梦境，但是研究原子的微观世界的科学家们会毫无困难地接受这个图画。

　　在我们简短地讨论了原子中电子云可能的运动状态以后，现在我们碰到了一个关于原子中的电子在各种可能的运动状态下如何分布的问题。在这里我们再一次接触到一个新的原理，它是在宏观世界非常不常见的。这个原理最早是由我年轻的朋友泡利提出来的，那就是在一个原子的电子集团中，没有两个粒子同时具有相同的运动状态。如果在古典力学当中，这个限制没有多大的意义，因为会有无限种可能的运动状态。但是由于在量子规律中，"被许可"的运动状态大幅度地减少了，所以泡利原理在原子世界中起到了非常重要的作用：它保证了电子在原子核周围或多或少地均匀分布，并且避免了电子聚集在某个特定的点上。

　　但是，我们不能从上面新原理的构想得出结论说，在我的图上所表示的每个运动的弥散量子态都只可能被一个电子"占据"。事实上，每个电子除了沿着自己的轨道运动，它还绕着自己的轴旋转，而且，如果两个电子沿着同一个轨道运动，但是它们的自旋方向不同，就根本不会让泡利博士感到为难了。现在对自旋电子的研究表明，它们绕着自己的轴旋转的速度总是相同的，并且轴的方向必定垂直于轨道的平面。这样，电子自旋的方向只有两种可能性，我们可以用"顺时针"或是"逆时针"来描述。

　　所以，泡利原理应用在原子中的量子态时，可以重新写成以下的说法："占据"每个量子运动状态的电子数量不能超过两个，而且这两个电子的自旋方向必须相反。所以，在我们沿着元素的天然次序向电子数越来越大的原子前进的过程中，我会发现不同的量子运动状态的电子是逐步地填充的，并且原子的直径也在不断地随之增大。在这个联系中还必须指出的是，从电子结合强度的观点出发，电子的不同量子态可以按照大概相等结合能量归结成几个分立的组（或者电子壳层）。当我们沿着元素的天然次序推进时，一组被填充满了以后才填充另一组，这样按顺序填充电子壳层的结果就是，原子的性质也呈周期性的变化。这就解释了由俄国化学家门捷列夫靠经验发现的举世闻名的元素周期性。

第十二章　原子核的内部

汤普金斯先生参加的下一场讲座是专门介绍原子核内部结构的，它是原子中电子的变革支点。

女士们、先生们：

在我们越来越深入地挖掘物质的结构时，现在要试着用我们智慧的眼睛来好好看一看原子核内部，这个仅仅占据原子本身总体积几亿分之一的神秘地带，然而尽管新的研究领域的尺寸小得让我们难以置信，我们还是发现它充满了剧烈的活动。事实上，原子核毕竟是原子的心脏，尽管它的尺寸非常有限，但它却大约占有原子总体质量的99.97%。

当我们从原子稀薄的电子云进入原子核区域时，我们立马会因为这里粒子极其拥挤的状态感到惊讶。不论原子大气里的电子如何移动，它们的平均移动距离超过本身直径的几十万倍，而居住在原子核内部的粒子则简直是摩肩接踵地挨着彼此，如果它们真的有肩膀和脚后跟的话。从这个意义上来说，原子核内部的景象非常像普通的液体，只不过我们碰到的不是分子，而是比分子小得多而且基础得多的粒子，即所谓的质子和中子。我们还应该注意到的是，尽管质子和中子的名字不同，但现在人们认为它们只不过是同一种重基本粒子（即"核子"）的两种不同的带电状态。质子是带正电的核子，而中子是电中性的核子，并且尽管负核子从来没有被观察到，也不排除它们存在的可能性。就它们的几何尺寸而言，核子与电子没有多大差别，直径都约为10-12cm。但是，核子要重得多，一个质子或是中子需要1840个电子才能使天平两端平衡。就像我说过的，构成原子核的粒子非常紧密地挤在一起，这是因为某种特殊的原子核内聚力（强核力）的作用，同液体中的分子之间的作用力相似。而且就如同液体一样，这些作用力可以避免粒子完全分离，又不会阻碍它们彼此之间的相对位移。所以，原子核具有某种程度的流动性，在不受任何外力的作用下，它就像普通水滴那样呈现球形。在现在我要给你们画的示意图上，你会看见由质子和中子构成的不同种类的原子核。最简单的是氢原子核，它只含有一个质子，而最复杂的铀原子由92个质子和142个中子构成。当然了，你应该把这些图形看作是真实情况高度概略的示意图，因为量子理论最基本的测不准原理，每个核子的位置实际上是在整个原子核区域内"散开"的。

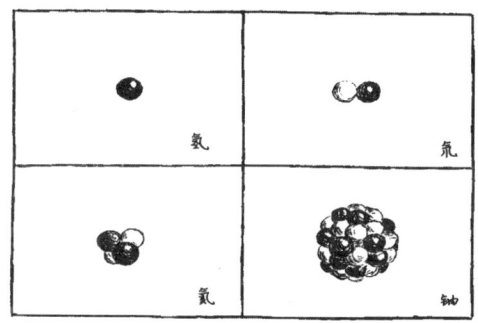

氢、氘、氦和铀的原子核。

正如我说过的，形成原子核的粒子是通过很强的内聚力维持在一起的，但是除了这些吸引力，还存在另外一种作用方向与之相反的作用力。事实上，大约占据原子核成员总数一半的质子是带正电的，因此由于库仑静电力的作用，它们之间彼此排斥。对于较轻的原子核来说，由于电荷量较小，库仑斥力显得无足轻重；但对于较重的原子核来说，由于原子核带电量较大，库仑斥力开始变得可以与内聚引力相抗衡。当这种情况发生时，原子核就变得不再稳定，并且倾向于将它的某些组成部分驱逐出去。这正是位于周期表末尾的元素，即所谓的"放射性元素"发生的情况。

从以上的考虑中你可能会得出结论，这些不稳定的重原子核会发射质子，因为中子不带电，所以它们不是库仑斥力作用的对象。

但是实验告诉我们，被发射出去的粒子是所谓的α粒子（氦原子核），也就是由两个质子和两个中子构成的复合粒子。这一事实应该由原子核的组成部分的特殊组合方式来解释。由两个质子和两个中子结合成的α粒子是非常稳定的，所以把它们作为一个组合扔出去要比把它分裂成质子和中子扔出去要容易得多。

你可能已经知道，放射性衰变现象最先是由法国物理学家贝克勒尔[1]发现的，而将它解释为自发衰变结果的是英国著名的物理学家卢瑟福，我在前面谈到其他问题时，提到过卢瑟福的名字。由于他在原子核物理学中有很多重要的发现，他对科学做出过杰出的贡献。

关于α衰变过程中一个最重要的特点是：α粒子有时需要极长一段时间才能"逃出"原子核。对于铀和钍来说，这个时间大概是几十亿年；而对于镭来说，大概是16个世纪。尽管还有一些元素只需要几分之一秒就可以发生衰变，但是如果跟原子核内部运动速度相比较，它们的寿命仍旧可以认为是非常长的。

那么，是什么力量使得α粒子有时在原子核内待上几十亿年之久呢？而且既然它已经待了这么久了，那么它为什么最后又要出来呢？为了回答这个问题，我们就必须首先多了解一些内聚引力和作用在粒子上、使其脱离原子核的静电斥力的相对强度。卢瑟福曾经利用所谓的

1.安东尼·亨利·贝克勒尔（Antoine Henri Becquerel, 1852~1908），法国物理学家，因发现物质的放射性在1903年获得诺贝尔物理学奖。——译者注

"原子轰击"的方法，做了一个研究这些作用力的精妙实验。在卡文迪许实验室他做的这个著名实验中，卢瑟福使用了一束从某种放射性物质中发射出的快速移动的α粒子，并观察这些原炮弹与被轰击物质的原子核碰撞所产生的偏差（散射）。这个实验证实了一个事实：当炮弹距离原子核比较远时，就受到了核电荷静电力的强烈排斥，但如果炮弹能来到距离原子核区域外界非常近的地方，这个排斥力就会变成强烈的吸引力。可以说，这些原子核类似于四周有陡峭高墙的堡垒，既能防止粒子从外部进入，又能防止粒子从里面逸出。但是，卢瑟福的实验最引人注目的结果是，不论是在"放射性衰变"过程中发射到原子核外的α粒子，还是从外部射入原子核的炮弹，它们实际上拥有的能量比相应的高墙顶端的能量（也就是物理学家通常所说的"势垒"）要低。这个事实与古典力学的所有观念都是完全矛盾的。确实，如果你扔一个球所用的能量远小于它到达山顶所需的能量，你又怎么能期盼它越过山顶呢？古典物理学家只会把他们的眼睛睁得老大，认定卢瑟福的实验一定存在着某种错误。

但是事实上，这个实验并没有任何错误，要说这里有什么错误的话，那么犯错的也不是卢瑟福，而是古典力学本身。这种情况被我的好朋友伽莫夫、格尼和康登同时阐明了，他们指出任何人从过现代量子理论的观点出发，都会毫不费力就能理解了。事实上，我们知道今天的量子物理学不承认古典理论中清晰的线性轨道，而是用幽灵般模糊的轨道替代它们。就好像古老传说中的幽灵能毫不费力地穿过古城堡厚厚的石砖墙一样，这些幽灵般的轨道也能穿过从古典观点看来完全没法穿过的势垒。

请不要以为我在开玩笑：能量不够大的粒子穿过势垒的可能性，

是新量子力学的基本方程直接给出的数学结果，这也代表了新、旧运动概念之间的一个最重要的差异。但是，尽管新的力学容许这样不寻常效应的发生，但只有在严格的限制条件下才容许这样：在大多数情况下，穿过势垒的可能性极其微小，而且被禁闭的粒子必须要把自己扔出去多到难以置信的次数，才能够最终获得成功。量子理论告诉我们计算这种逃逸概率的精确公式，而且事实已经证明，我们观察到的 α 衰变周期与这个理论的预期完全一致。同样在从外部射入原子核的炮弹的例子中，量子力学的计算结果也同实验非常一致。

在我进一步探讨之前，我想要给你看几张照片，它们显示了几种被高能原子炮弹轰击的原子核的衰变过程。（请看图！）在这张图中，你可以看见在云室里拍下的两种不同的衰变过程。左边展示的是一个氮被一个高速运动的 α 粒子击中的照片，这也是有史以来第一张将元素人为转变的照片，它是由卢瑟福的学生布莱克特拍摄到的。从现在展示的这张图中，你可以看到大量从强 α 射线源发射出的 α 轨道。大部分的粒子没有发生一次严重的撞击就穿过了我们的视野，但是，其中一个粒子正好成功击中了一个氮原子核。这个 α 粒子的轨道在右边这里停止了，你们可以看到，在这个撞击点出现了另外两条轨迹。这个长且细的轨迹来自从氮原子核中击出来的一个质子，而这个短且粗的轨迹就代表了原子核本身的反冲。但是，这个原子核已经不再是氮原子核了，因为它失去了一个质子并且吸收了入射的 α 粒子，所以它已经转变成一个氧原子核了。所以，现在我们用"炼金术"把氮转变成氧和副产品氢。

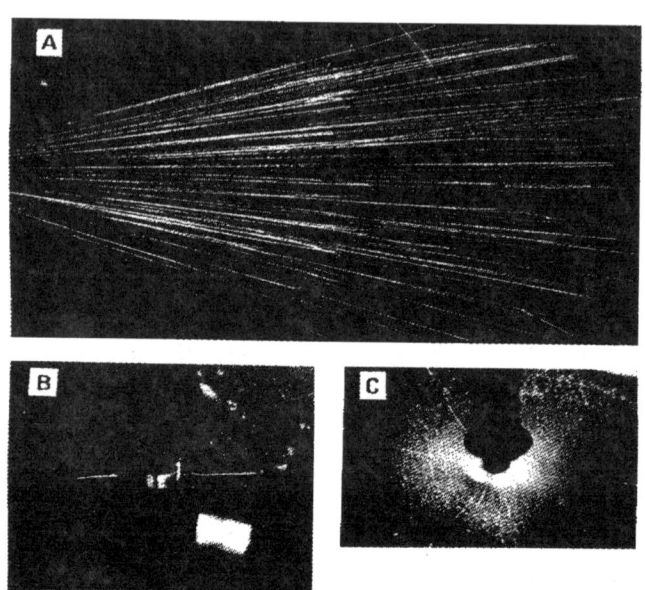

（a）被氦撞击的氮变成了重氧和重氢

$$_7N^{14}+_2He^4\rightarrow_8O^{17}+_1H^1$$

（b）被氢撞击的锂会变成两个氦

$$_3Li^7+_1H^1\rightarrow2_2He^4$$

（c）被氢撞击的硼变成三个氦

$$_5B^{11}+_1H^1\rightarrow3_2He^4$$

　　第二张照片展现的是一个被人为加速的质子撞击的原子核的衰变。一束快速移动的质子从一种特殊的高强度机器中发射出来（这种机器也被称为"原子加速器"），通过一条长长的管道进入到观察室中。

　　这束质子的目标是一张很薄的硼箔，它被放在管道的下端开口处，以便让在撞击过程中产生的原子核碎片经过观察室的空气，产生轨道云。你从图片中可以看出,硼的原子核受到质子的撞击后分裂成三个部分,加上考虑到电荷的平衡,我们可以得出结论: 每个碎片都是一个α粒子,也就是氦原子核。这些照片所展示的两个核转化,是今天的物理实验中研究的上百个其他原子核转化中非常典型的例子。在所有这种被称为"置换核反应"的核转化中,都有一个入射粒子(质子中子或者α粒子)进入原子核当中,将某个粒子踢出去,自己留在这个位置上。我们可以用α粒子置换质子,用质子置换α粒子,用中子置换质子,等等。在所有这种转化中,反应过程所产生的新元素在元素周期表中都显示为那个被轰击元素的近邻。

但是直到最近,事实上是在第二次世界大战的前夕,两个德国化学家哈恩和斯特拉斯曼发现了一种全新类型的原子核转化,在这个转化中一个重原子核分裂成了两个相同的部分,同时释放出巨大的能量。在我下一张幻灯片里(请看幻灯片!)从右边的照片中,你可以看到两个铀原子核的碎片从一张很薄的铀箔向彼此相反的方向飞出。这个被称为"核裂变"的现象,最开始是在用一束中子轰击铀的情况下被发现的,但是不久以后,人们就发现位于元素周期表末端附近的其他元素也具有相似的性质。确实,似乎这些重的原子核处于它们稳定性的边缘,所以由中子撞击引起的最小刺激也足够使它们一分为二,就好像一滴过大的水银那样。重原子核的不稳定性事实引出了这样一个问题,那就是为什么自然界只有92种元素。事实上,任何比铀更重的原子核都无法长时间存在,只会迅速分裂成许多小得多的碎片。从实际的角度出发,"核裂变"现象也十分有趣,因为它为核能源的应用提供了可能性。重点在于,当原子核一分为二时,重原子核会发射出很多中子,它们会进一步导致附近的原子核裂变。这就会引起一种爆炸式反应,使得所有储存在原子核的能量在几分之一秒内释放出来。如果你还记得一磅重的铀原子核所蕴含的能量相当于十吨重的煤所蕴含的能量,你就会明白释放这些能量会对我们的经济产生非常重要改变的可能性了。

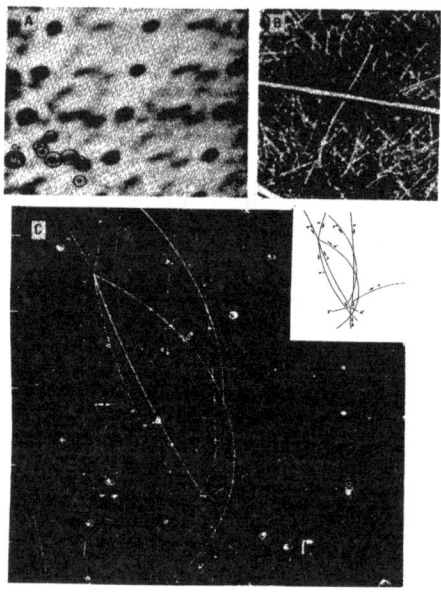

(a)布拉格[1]的透辉石晶体中原子的照片。角上的圆圈表示钙、镁、硅和氧的单个原子。放大倍数约为10^8。

(b)两个裂变碎片从中子撞击铀的相反方向飞行。

(c)中性λ和反λ超子的产生和衰变。

但是,这些所有原子核反应只能在小规模的范围内获得,虽然它们给我们提供了关于核内部结构的大量信息,但是直到最近人们才发现似乎没有释放大量核能的希望。1939年,德国化学家哈恩和斯特拉

1.威廉·亨利·布拉格(Sir William Henry Bragg, 1862~1942),英国物理学家。因与儿子创立了用X射线分析晶体结构的新学术领域,两人一起获得了1915年诺贝尔物理学奖。

斯曼才发现这种全新的原子核转化。那就是铀元素的重原子核,被一个中子击中以后,分裂成两个大致相同的部分,伴随着释放出大量的能量以及两个或者三个中子,这两三个中子反过来可能会击中其他的铀原子核,然后这些原子核又被分裂成两部分,从而释放更多的能量和更多的中子。这个分支化的裂变进程可能导致一场大爆炸,或者在被控制的情况下,可以提供几乎无穷无尽的能量。我们非常幸运的是,请到了致力于原子弹事业并被人们称为"氢弹之父"的泰勒博士[1]在百忙之中来到我们的现场,他将就核弹的话题做一段简单的演讲,他已经到了这里。

当教授说话的时候,门打开了,走进来一个目光炽热、眉毛乌黑浓密、相貌端正的男人,和教授握手以后面向观众。

他开始演讲了:"女士们、先生们!我时间有限,因为我太忙了。今天早上,我参加了在五角大楼和白宫的几个会议,今天下午,我要出席内华达州法国公寓的地下测试爆炸,晚上我必须得在加州范登堡空军基地的宴会上发表讲话。主要观点是原子核可以通过两种力达到平衡:倾向于把原子核维持成一个整体的吸引力,和质子之间的静电斥力。在铀或者钚的重原子核中,后者的力更占优势,所以原子核随时可能会裂开,在轻微的刺激下就会分裂成两个核裂变生成物。一个撞击到原子核上的中子就可以提供这样的激发作用。"

转向黑板,他继续说:"在这里你能看见一个可裂变的原子核和一个正撞上它的中子。两个裂变的碎片飞离开,每个带着大约一百万伏的能量,并且几个新的裂变产生的中子也被射出。如果是较轻铀的同

1.爱德华·泰勒(1908~2003),出生于匈牙利的美国著名理论物理学家,被誉为"氢弹之父",对物理学多个领域都有重大的贡献。——译者注

位素就有两个中子, 如果是钚则有三个中子。接下来, 咔嚓咔嚓! 就好像我画在黑板上的反应开始了。如果这块可裂变材料很小, 大部分裂变中子在有机会撞击到另一个可聚变原子核之前就飞出了材料表面, 那么这个链式反应将永远也不会发生。但是如果这块材料大于我们所说的直径约为3或4英寸的临界质量时, 大部分的中子就会撞上原子核, 接着整个都会爆炸。这就是我们所说的裂变式原子弹, 它们经常被错误地称为'原子弹'。"

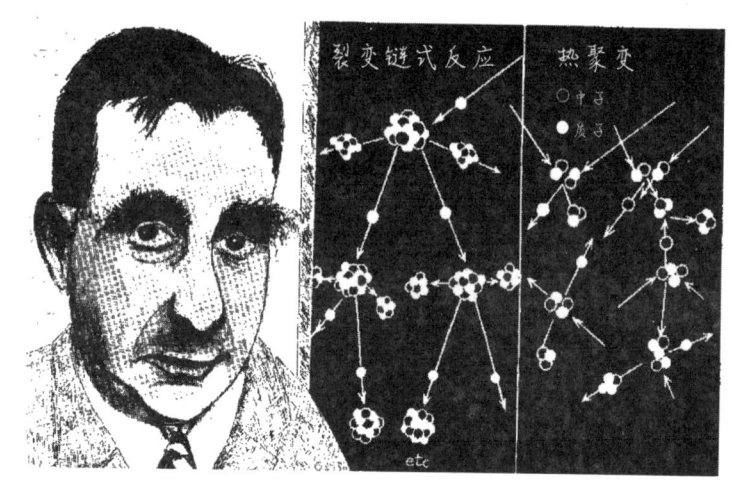

虽然名字听起来差不多, 但裂变和聚变是完全不同的过程。

"但是, 在元素周期表另一端元素的原子核所得到的结果就要好得多, 这些原子核中的吸引力要比电排斥力强得多。当两个轻原子核相接触的时候, 它们就像碟子里的两滴水银融合到了一起。只有在非常高的温度下这种情况才会发生, 因为静电斥力会阻碍互相接近的轻质原子核发生接触。但是当温度达到数千万摄氏度时, 电斥力也无法阻碍原子核接触, 于是聚变过程开始了。"

最适合进行聚变反应的原子核是氘核,也就是重氢的原子核。右侧是氘核发生高热原子核反应的简易图。当我们第一次想到氢弹,我们想到的是:这将是世界的福音,因为它不会产生散布到地球大气层的放射性裂变物质。但是我们还无法生产这样"纯净"的氢弹,因为氘是最好的核燃料,可以很容易地从海水中提取出来,但仍然不足以自行燃烧。所以,我们不得不用重铀作为外壳包围住内核中的氘。这些外壳能产生大量的裂变碎片,有些人称之为"脏"氢弹。在设计好的受控高热原子核反应中也会遇到类似的困难,而且尽管人们付出了很多努力,我们还是没有找到解决办法,但是我相信这个问题迟早会得到解决。

"泰勒博士,"一位听众问道,"炸弹测试中那些对全球人口都产生有害突变的裂变产物又该怎么办呢?"

"并不是所有的突变都是有害的。"泰勒博士笑着说,"其中一些突变会引起其后代的改进。如果生命有机体中没有突变存在,那么你我都还是变形虫而已。难道你不知道生命的进化完全是由于自然的突变以及适者生存吗?"

"你的意思是,"观众席中的一位女士歇斯底里地大喊道,"我们都应该生很多孩子,然后留下少数几个最好的,消灭其他的?"

"这个,女士……"泰勒博士刚要说,但此时演讲厅的门打开了,一位穿着飞行员制服的男人走了进来。

"快走,先生!"他大声说,"您的直升机就停在门口,如果我们不马上出发,您就会错过机场的喷气式客机。"

"对不起。"泰勒博士对听众们说,"但是我必须走了,再见!"接着,他们两人冲出了大厅。

第十三章　老木雕匠

汤普金斯先生来到一扇沉重的大门前,门的中央写着醒目的标志: 小心——高压。但是,这不友好的第一印象被写在门垫上大大的"欢迎"字样削弱了,于是汤普金斯先生按下了门铃。一个年轻的助手让他进来后,汤普金斯先生发现这个大房间的一大半都被一台非常复杂并且看起来很奇特的机器占用了。

这是我们的大型回旋加速器或叫作"原子加速器"。

　　"这是我们的大型回旋加速器,在报纸上也被叫作'原子加速器'。"助手解释道,说着把一只满含深情的手放在了巨大的电磁铁线圈上,它代表了这个令人印象深刻的现代物理工具的主要组成部分。

　　"它用高达几千万的电压产生粒子。"他骄傲地补充道,"而且没有多少原子核可以承受如此大能量移动的子弹冲击!"

"那么，"汤普金斯先生说，"这些原子核一定非常坚强，想想看人们建造这样的庞然大物只为击破微小的原子中的原子核。这台机器到底是怎么工作的？"

"你看过马戏团吗？"他的岳父在回旋加速器的巨型框架后面问道。

"呃……。是的，当然。"汤普金斯先生说，被这个突如其来的问题弄得有些尴尬，"你是说你想要我今晚和你去看马戏团吗？"

"不是这样的。"教授笑着说，"但是那会帮助你理解回旋加速器是如何工作的。如果你看这个大磁铁的两极之间，就会发现一个圆形的铜盒子，它就好像马戏场，在实验中用来轰击原子核的各种带电粒子在其中加速。在这个盒子的中心，有一个产生这些带电粒子或是离子的源。当这些粒子刚出来时，它们的速度非常小。这里的强磁场会将它们的轨道弯曲成围绕着中心的小圆圈，这样我们就开始鞭打它们，使得它们的速度越来越快。"

"我知道你是怎么鞭打一匹马的，"汤普金斯先生说，"但是我困惑的是你怎么对这些微小的粒子做同样的事情的。"

"其实，这很简单。 如果粒子以圆圈的形式移动，那么每次它通过轨道上特定的点时，人们只需要向它施加一系列连续的电击，就像马戏团中的驯兽师站在马戏场的边缘，马每次经过时都会鞭打马一样。"

"但是驯兽师能看见马啊。"汤普金斯抗议道，"你能看见旋转在这个铜盒子中的粒子并且在恰好对的时候踢它一脚吗？"

"我当然不能。"教授同意道，"但是这不是必需的。回旋加速的解决办法的整体秘诀在于，尽管被加速的粒子总是移动地越来越快，但是粒子总是会在相同的时间段内走完一圈。你看，重点在于随着粒子速度的增加，粒子运动的半径和由此带来的圆形轨道的周长，也成比例的增加了。所以粒子沿着一个展开的螺旋形状移动，并且总是以固定的时间间隔到达'环'的同一侧。人们需要做的只是在那里放置一些电子设备，以固定的时间间隔向粒子施加电击。我们通过振荡电路系统来实现，这些振荡电路系统和你在任意一个广播电台看见的非常相似。这里产生的每一次电击都不是非常强烈，但是它们的叠加效应使得粒子加速到极高的速度。这就是这种设备的巨大优势：它产生的效果相当于几百万福特所产生的效果，尽管这个系统里没有任何地方存在如此高的电压。"

"真的是非常巧妙啊。"汤普金斯先生若有所思地说，"它是谁发明的？"

"它最初是多年前由加利福尼亚大学已故的劳伦斯建造的。"教授回答道，"自从那时候起，回旋加速器的尺寸就不断增大，并且以飞快的速度在物理实验室中迅速流行开来。它们似乎真的比使用级联变压器的旧设备或者基于静电原理的机器更加方便。"

"但是如果没有这些复杂的设备，人们就真的不能打破原子核了吗？"汤普金斯先生问，他是个极简主义者，他不太相信任何比锤子更复杂的东西。

"当然可以。事实上，当卢瑟福做了他第一个著名的人造元素转化实验时，他就只用了由天然放射性物体中发射出来的α粒子。但那是二十多年前的事了，正如你所看见的，从那以后撞碎原子的技术取得了长足的进步。"

"你能给我展现一个被真正撞碎的原子吗？"汤普金斯先生问，

相比于听冗长的解释，他总是更喜欢亲眼所见。

"很乐意。"教授说，"我们才刚刚开始了一个实验。在这个实验中，我们正进一步研究在快速质子的影响下，硼原子的裂变。当硼原子的原子核被一个质子撞击得足够重，使得子弹穿透原子核势垒并进入其内部，这样原子核就分裂成了三个相等的碎片，分别飞向不同的方向。这个过程可以通过所谓'云室'的方法直接观察到，它能使我们看见包括碰撞在内的所有粒子的轨迹。现在，这个中间有一小块硼的云室连接到了加速室的开口处，只要我们让回旋加速器开始工作，你就会亲眼看见原子核裂开的过程。"

"请你打开电流。"教授对他的助手说，"我来调整磁场。"

要让回旋加速器开始工作还需要花费一些时间，留下汤普金斯先生一个人在实验室里闲逛，他的注意力被一个带有闪烁着微弱蓝光的巨大放大管的复杂系统吸引住了。由于汤普金斯先生没有意识到这里产生的用于回旋加速器的电压，虽然不足以使原子核破裂，却可以轻易摞倒一头牛的事实，他前倾身体、更仔细地观察它们。

突然，一阵尖锐的噼啪声，就好像狮子驯兽师的皮鞭发出的一样，汤普金斯先生感到一阵可怕的电击席卷全身。下一刻，他眼前漆黑一片，失去了知觉。

当他睁开眼睛时，发现自己被释放的电流击倒在地板上。他周围的房间看起来似乎与原来一样，但是房间里的所有物体都发生了很大变化。他没有看见高耸的回旋加速器的磁铁、互相连接的闪亮的铜线，以及连接在每个可能位置的几十种复杂的电子设备，而看到了一张长长的木制工作台，上面摆满了简单的木匠工具。挂在墙上的老式架子上，他注意到有很多不同的形状奇特的木雕。一个看起来很慈祥的老人正在桌子旁工作，他仔细地观察着老人的脸，惊奇地发现对方既非常像迪士尼中《匹诺曹》里的老人格佩托，又非常像挂在教授实验室墙上的卢瑟福爵士的肖像画。

"请原谅我的打扰。"汤普金斯先生说着从地板上站起来，"我正参观一个核实验室，然后似乎有些奇怪的事发生在我身上。"

"噢，你对原子核感兴趣。"老人说，他把正在雕刻的那块木头放在一旁，"那么你刚好来对了地方，我就在这里制作各种各样的原子核，我很乐意带你去参观我的小作坊。"

"你是说你制作原子核？"汤普金斯先生困惑地问。

"是的，没错。当然，这需要一些技巧，尤其是那些放射性原子核，它们可能在你有时间给它们涂颜色之前就四分五裂了。"

"给它们涂颜色？"

"是的，我用红色代表带正电的粒子，用绿色代表带负电的粒子。现在你知道红色和绿色就是所谓的'补色'了吧，如果它们彼此混合就会互相抵消，这就相当于正负电荷的互相抵消[1]。如果原子核由相等数量的来回快速移动的正负电荷组成，它就会是电中性的，而且在你看来是白色的。如果正电荷或者负电荷更多，整个系统就会呈红色或者绿色。很简单，不是吗？"

1.读者必须了解的是，这里颜色的混合只适用于光线的混合，而不是颜料本身的混合。如果我们混合红色和绿色的颜料，我们只会得到一个黑乎乎的颜色。另一方面，如果我们把一个玩具的表面一半涂成红色，另一半涂成绿色，然后快速旋转，它就会看起来是白色的。

我把带正电的粒子涂上红色，把带负电的粒子涂上绿色。

　　"看，"老人继续说，他给汤普金斯先生展示桌子旁边的两个大木箱，"这里就是我保存制造各种原子核材料的地方。第一个盒子装着质子，就是这些红色的球。它们相当稳定，而且能永久保持颜色，除非你用刀子或者其他什么东西刮掉它。在第二个箱子里，所谓的中子存在的问题就要多得多。通常它们是白色的，或者说呈电中性，但是有强烈的变成红色质子的倾向。只要盒子紧紧关上，一切都很好，但是只要你拿出来一个，看看会发生什么。"

　　老木雕匠打开盒子，拿出其中一个白色的球放在桌子上。一段时间过去了，似乎什么都没发生，但汤普金斯先生快要失去耐心的时候，球突然活跃了起来。它的表面出现了不规则的红色和绿色条纹，很快，这个球看起来就像是一个小孩子喜欢的彩色玻璃球。然后绿颜色集中在球的一侧，最后完全脱离球，形成了一颗明亮的绿色水滴掉在地板上。而那个球本身现在完全变成了红色，与第一个盒子里的红色质子没有任何区别。

"你看到发生了什么。"他说，从地板上捡起那滴绿色颜料，现在它变得又硬又圆了。"那个中子的白色分解成红色和绿色，然后整个分裂成两个独立的粒子，一个质子和一个负电子。"

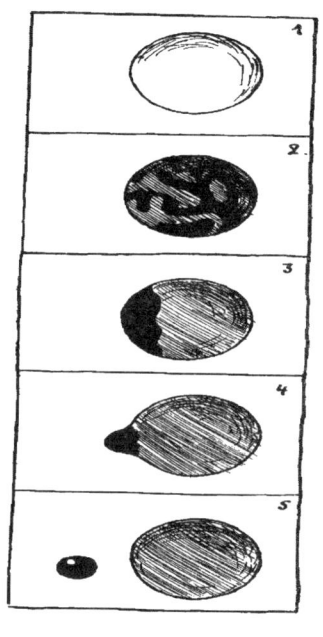

白色的中子分解成质子和负电子。

"没错。"他看着汤普金斯先生脸上惊讶的表情，补充道，"这个翠绿色的粒子就是一个普通的电子，就像任何地方的原子中的任意一个电子一样。"

"天哪！"汤普金斯先生叫道，"这绝对比我看过的手帕变色魔术高明许多，但是你能把颜色再变回去吗？"

"是的，我可以把这个绿颜料揉回红球的表面，这样就能把它再次变成白色，但是这当然需要一些能量。另外一种方法就是把红色的颜料刮掉，这也需要一些能量。然后这些从质子表面刮下来的颜料就会形成一个红色液滴，也就是一个正电子，你可能听说过它。"

"多漂亮啊！"汤普金斯先生赞叹道，"所以这是一个金原子！"

"还不是原子，只是原子核。"老木雕匠纠正他，"要得到一个原子，你必须要加上适当数量的电子来中和原子核的正电荷，并且在它周围形成通常的电子壳层。不过这很容易，因为只要周围有电子，原子核就会自己捕获它的电子。"

"真有趣。"汤普金斯先生说，"我的岳父从来没提到过人们可以如此简单地制造黄金。"

"噢，你的岳父和这些所谓的核物理学家啊！"他的声音中带着一丝气愤的语气喊道，"他们演了一出好戏，但是他们实际上能做的很少。他们不能将分散的质子压缩成复杂的原子核，因为他们无法施加足够的压力来完成这项工作。他们其中有人甚至还计算出需要施加整个月球的重量才能使质子团结在一起。得了吧，如果这是他们唯一的麻烦，那么他们为什么不干脆到月球上去呢？"

"但是他们还是产生了一些原子核转化。"汤普金斯先生温和地说。

"是的，当然，但是他们转化得很尴尬，而且程度非常有限。他们得到的新元素的数量非常少，以至于他们自己都很难看见。我来告诉你，他们是怎么做到的。"然后，他拿出一个质子，用相当大的力量把它扔到放在桌子上的金原子核上。在接近原子核外部的地方，那枚质子慢了下来，犹豫片刻然后陷入其中。原子核吞下质子以后，好像发高烧一样颤抖了一会儿，然后原子核的一小部分咔的一声裂开了。

"你看，"他拾起碎片说道，"这就是他们所谓的α粒子，如果你仔细观察，就会发现它是由两个质子和两个中子组成的。这些粒子经常从所谓的放射性元素的重核中射出，但是如果人们用足够强的力撞击它们，也可以将它们从普通的稳定的原子核中踢出来。我还必须提醒你注意，留在桌子上的较大碎片已经不再是金原子核了。它失去了一个正电荷,所以现在它是一个铂的原子核,是在元素周期表中金的前一个元素。然而在某些情况下,进入原子核的质子不会导致它分裂成两部分,这样你就会得到元素周期表中金的下一个元素,也就是汞的原子核。结合这些以及一些相似的过程,人们就能真正将任何特定的元素转化为其他的元素。"

"噢,现在我知道他们为什么要用回旋加速器产生快速移动的质子束了。"汤普金斯先生开始明白了过来,说道,"但是你为什么说这种方法不好?"

"因为它的效率是极其低的。首先,他们不能以我的方式瞄准他们的子弹,而是在几千次射击中只有一次能真正击中原子核。其次,就算在直接击中目标的情况下,子弹也非常有可能从原子核上反弹出去,而不是穿透到它的内部中去。你可能注意到我将质子扔进金原子核时,它在进去之前有点犹豫,我在那个瞬间以为它会弹回去。"

"是什么阻碍了子弹的进入?"汤普金斯先生饶有兴趣地问。

"你自己应该可以猜到。"老人说,"如果你还记得原子核和带正电的轰击质子。这些电荷之间的排斥力会形成一种难以穿过的壁垒。如果轰击质子能够穿过原子核的堡垒,那也只是因为它们使用了像特洛伊木马似技巧,它们不是像粒子那样穿过原子核的围墙,而是像波浪一样。"

"好吧,你可难住我了。"汤普金斯先生悲伤地说,"你说的话我一个字也不明白。"

"我也害怕你会听不懂。"木雕匠笑着说,"告诉你实话吧,我自己只是一个木匠。我可以靠自己的双手做这些事情,但是我也不太擅长这些理论上的术语。总之重点是,由于所有这些原子核粒子都是用量子材料做成的,它们总是能进入、甚至泄漏出通常被认为难以穿透的障碍物。"

"噢,我明白你的意思了!"汤普金斯先生叫道,"我记得有一次,就在我遇到慕德之前不久,我去过一个奇怪的地方,那里的台球的表现和你的描述完全一致。"

"台球?你是说真正的象牙台球?"老木雕匠急切地重复了一遍。

"是的,我知道它们是用量子大象的象牙制成的。"汤普金斯先生回答说。

"唉,这就是人生啊。"老人忧伤地说,"他们用这么贵重的材料只是为了玩乐,而我要用普通的量子橡木雕刻质子和中子这些整个宇宙的基本粒子!"

"但是,"他试图隐藏自己的失望之情,继续说道,"我这些可怜的木制玩具和所有那些昂贵的象牙作品一样好,我来给你展示它们如何能利落地穿过任何障碍物。"然后,他爬上长凳,从架子顶部拿出一个非常奇怪的木雕,看起来就好像火山的模型。"你看到的这个,"他轻轻地擦掉上面的灰尘,继续说道,"就是存在于任何一个原子核周围排斥力壁垒的模型。外层的斜坡对应于电荷之间的排斥力,而火山口对应于使核粒子粘在一起的内聚力。如果我现在沿着斜坡向上弹出一个球,但是不足以把它弹过山顶,你自然会认为它会再次滚回来。但是让我们来看看究竟发生了什么……"然后他轻轻弹了一下小球。

"但是,我没看见有什么不寻常的事。"汤普金斯先生说,那个球沿着斜坡向上滚了一半以后,又滚回到了桌面上。

"等一会儿。"木雕匠悄悄地说,"你不能第一次试验就指望成功。"然后他再次把球送上斜坡。这一次又失败了,但是第三次尝试的时候，球在斜坡上大概一半的地方突然消失了"好了，你猜球去哪儿了？"老木雕匠带着魔术师般得意的语气说。

"你的意思是它已经在火山口里？"汤普金斯先生问。

"没错，它就在那儿。"老人说着，用他的手指捡出球。

"现在，让我们反过来试试吧。"他建议道，"看看球是否能从火山口里出来而不用翻过顶部。"然后他把球扔回洞中。

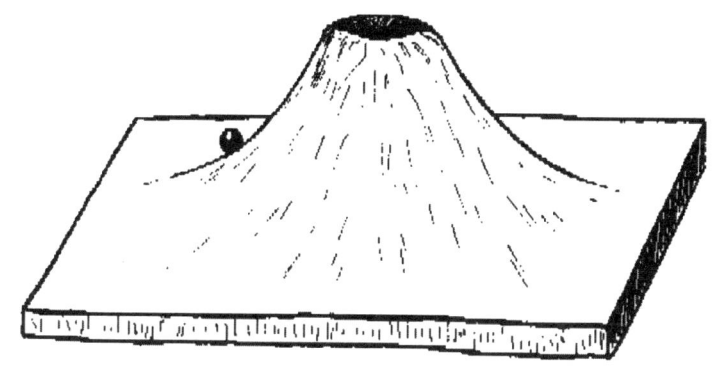

它的样子很像一座火山口的模型。

过了一会儿，什么也没有发生，汤普金斯先生只能听到球在火山口里来回滚动的轻微隆隆声。然后，那个球突然奇迹般地出现在外斜坡的中间，然后轻轻地滚落到了桌面上。

"这里你看到的就是发生在放射性α衰变中的一个典型代表。"木雕匠说着，将模型放回原位，"只是在放射性α衰变中，不是普通的量子橡木壁垒，而是电排斥力的势垒。但是原则上这两者并没有什么区别。有时，这些电势垒是非常'透明'的，以至于这些粒子在几分之一秒的时间内就会溢出。有时，它们又是非常'不透明'的，这就需要数十亿年粒子才能溢出,比如说在铀原子核的情况下。"

"但是为什么不是所有的原子核都是放射性的呢?"汤普金斯先生问。

"因为在大多数原子核中,火山口的地面高度要低于外面的高度,而只有在已知的最重的原子核中,地面才能被上升到足够的高度,使这种溢出成为可能。"

很难说汤普金斯先生在工作室和这位善良的老木雕匠共度了多少个小时,老木雕匠总是非常渴望将自己的知识与任何来到这里的人交流。汤普金斯先生看到了许多其他非同寻常的东西,尤其是一个被小心紧闭的,但是看起来是空的小盒子,上面标着:"中微子"。那盒子被小心存放,没有打开。

量子小提琴和C小调核子曲。

"那里面有东西吗?"汤普金斯先生问,在耳边摇晃着小盒子。

"我不知道。"木雕匠说,"有些人说有,有些人说没有。但是无论怎么样你什么也看不见。这个神奇的小盒子是我一个搞理论研究的朋友送给我的,我不太知道该拿它怎么办。最好暂时还是不要管他。"

汤普金斯先生继续他的参观,他还发现了一个落满灰尘的旧小提琴,它看起来非常古老,好像是斯特拉迪瓦里[1]的祖父做的。

"你会拉小提琴吗?"他问木雕匠。

"我会伽马射线的曲调。"老人回答道,"这是一把量子小提琴,所以它不能拉其他的曲调。我曾经有一把量子大提琴,用来拉光学曲调,但是后来被人借走了,而且再也没还回来。"

"那好啊,你给我拉一曲伽马射线曲调吧。"汤普金斯先生问道,"我从来没听过。"

"我给你拉一首C小调核子曲吧。"木雕匠说,把小提琴架到了肩膀上,"但是你一定要做好准备,这可是一首非常悲伤的曲调。"

这首乐曲确实非常奇怪,和汤普金斯先生以前听过的任何音乐都不像。那音乐伴随着冲刷沙滩的稳定海浪声,还时不时地被尖锐的曲调打断,让汤普金斯先生联想到飞过子弹的呼啸声。他不是一个很懂音乐的人,但是这个曲调对他有一种奇怪而有力的影响。他舒舒服服地坐在一把旧扶手椅上,慢慢闭上了眼睛……

1.安东尼奥·斯特拉迪瓦里(1644~1737),意大利弦乐器制作家,是迄今最伟大的小提琴制作家。——译者注

第十四章　虚无中的洞

女士们、先生们：

今天我请你们全神贯注地倾听讲座，因为我要讨论的问题既引人入胜又很难理解。我将要谈到一种被称为"正电子"的新粒子，它们拥有不同寻常的性质。很具教育意义的是，我们注意到，这种新粒子它们在被实际探测到的几年前就存在了，人们已经在纯粹的理论考虑基础上预言到了。而且，它们在实验上的发现很大程度上得益于它们主要性质的理论预测。

做出这些预测的荣誉归功于一位英国物理学家狄拉克，他基于理论思考得出的结论实在太奇特了，以至于大多数物理学家在很长的时间里都拒绝相信这个结论。狄拉克理论的主要思想可以用以下简单的语言来概述："在真空中应该存在着孔洞。"我看得出你们很惊讶，当狄拉克说出这句意味深长的话时，所有的物理学家也是如此。在真空中怎么会有孔洞？这句话有意义吗？是的，如果一个人示意这样所谓的真空，它实际上并不是我们所认为的真空。事实上，狄拉克理论的主要观点是，他假设所谓的真空实际上充满了无数以非常规律且均匀的方式聚集在一起的普通负电子。毋庸置疑，这种古老的假设并不是因为纯粹的幻想而进入到狄拉克的思想中，虽然他或多或少被迫受到很多与普通的负电子理论相关的思考所影响。实际上，这种理论导致了一个不可避免的结论，那就是除了运动原子的量子态之外，还有无数个特殊的"负量子态"存在于真空中。并且除非有人阻止电子进入到这些"更舒服"的运动状态，否则它们都会抛弃原子，然后，我们可以说它们扩散到真空中去。不仅如此，由于防止电子进入到它喜欢的状态的唯一方法，就是使这个特定的位置被某些其他的电子"占据"（还记得泡利原理），人们必须使真空中所有量子态被无数均匀分布在整个空间的电子完全填满。

恐怕我的话听起来像是某种科学上的胡言乱语，让你们无法听懂其中的来龙去脉，但是这个话题确实非常难懂，所以我只能希望，如果你继续专注地倾听，你能在最后了解到一些狄拉克理论本质的思想。

好吧，不管怎么样，狄拉克得出了结论说真空中充满了电子，它们以一种均匀而无限大的密度分布其中。那么，我们怎么会完全没能注意到它们，并且认为真空就是一个绝对空无一物的空间呢？

如果你把自己与悬浮在海里的深海鱼换位思考，你可能会理解其中的答案。即使海里的鱼聪明到提出这样一个问题，但是它们能意识到自己被水包围着吗？

这些话让汤普金斯先生摆脱了他在讲座开始时陷入的瞌睡状态，他好像变成了渔夫，感受到了清爽的海风和轻轻翻滚的碧浪。尽管他是一个游泳健将，但他还是无法浮在水面上，而开始越来越深地向下沉去。奇怪的是，他没有感到缺乏空气，而是感到非常舒服。他想，也许这就是一种特殊的隐性突变的影响。

根据古生物学家们所说，生命起源于海洋，第一个栖息到干燥的陆地上的鱼类先锋是所谓的肺鱼，它爬到海滩上，用它的鳍行走。根据生物学家们所说，这些最早的肺鱼渐渐进化成了陆居动物，像是老鼠、猫和人类一样。但是它们其中的一些，像鲸鱼和海豚，在了解了陆地上所有的困难以后，又回到了海洋中。在回到海洋后，它们还保留了在陆地上斗争时所获得的品质，并且仍旧是哺乳动物，雌性在它们的体内孕育后代，而不是甩出鱼子，再让雄性授精。不是有一个叫作斯齐拉德[1]（斯齐拉德，《海豚的声音和其他故事》，纽约，1961）的著名匈牙利科学家说过，海豚比人类还要聪明吗？

狄拉克正与海豚交谈。

他的思绪被海面深处某个地方传来的一段对话打断了，那是一段海豚和一个典型的人类之间的对话，汤普金斯先生（从他过去看过的一张照片中）认出那是剑桥大学的物理学家狄拉克。"听我说，保罗。"海豚正在说，"你主张说我们不是在真空中，而是在一个由负质量的粒子形成的物质介质中。在我看来，水和所有其他空无一物的空间没有任何差别，水是完全均匀的，而且我可以朝任何方向自由地运动。但是，我从我的曾曾曾曾曾祖父那儿听到过一个传说，听说干燥的陆地是完全不同的。那里有高山和峡谷，不费力气是无法越过它们的。而在水中，我可以向任何我选择的方向运动。"

"就海水这个环境而论，你是对的，我的朋友。"狄拉克回答说。

"水在你的身体上施加了摩擦力，如果你不摆动你的尾巴和鳍，你就根

1.斯齐拉德著书《海豚的声音和其他故事》，纽约，1961年出版。

本无法运动。同样,因为水的压力随着深度改变,通过膨胀或者收缩你的身体,你就可以上浮或者下潜。但是如果水没有摩擦力或者没有压力梯度,你就会像耗尽火箭燃料的宇航员一样无助。我那由负质量物质形成的海洋,是完全没有摩擦力的,所以就没法观察到了。只有缺少一个负电子的情况,才会被物理仪器观察到,因为缺少一个负电荷等同于出现一个正电荷,所以此情况就连库仑也注意到了。"

"但是,通过比较我的电子海洋和普通海洋,我们必须指出一个重要的例外,以免被这种类推带得太远。问题在于,既然形成我的海洋的电子遵循泡利原理,当所有可能的量子能级都被填满时,一个电子也不能再添加到这个海洋中。那么这个多余的电子就会停留在我的海洋表面上,从而很容易被实验辨认出来。电子最先是被汤姆逊爵士[1]发现的,那些在原子核周围旋转的电子,或者那些飞行在真空管中的电子,都是这种多余的电子。而且直到我在1930年发表的一篇论文以前,我们之外的空间都一直被认为是空虚的,而且人们相信,那些在零点能水平面上溅起的水花,才具有物理学上的现实性。"

"但是,"海豚说,"如果你的海洋由于连续以及没有摩擦力,所以无法观察到,那么你谈论这些又有什么意义呢?"

"好吧,"狄拉克说,"假设某种外界力量将一个负质量的电子从海洋深处提升到了海面以上。在这种情况下,可观察到的电子就会多了一个,这种现象是违反能量守恒定律的。但是,由于均匀分布介质中一个负电荷的离开,等同于同样数量的正电荷出现,海洋中这个空虚的孔洞现在可以被观察到。这个带正电荷的粒子也会具有正质量,并且会向

1.约瑟夫·约翰·汤姆逊(Joseph John Thomson,1856~1940),英国物理学家,电子的发现者,1906年荣获诺贝尔物理学奖。——译者注

重力的方向上移动。"

"你是说它会浮起来,而不会沉下去?"海豚吃惊地问。

"没错,我相信你见过很多被重力向下拉着,沉向水底的物体:从船上扔下的东西,或者有时是船只本身,看那里!"狄拉克打断了自己,"看见那些小小的正在向水面上升的银色物体吗?它们的运动是由于重力引起的,只不过它们向相反方向移动。"

"但是这些只不过是气泡。"海豚反驳道,"它们可能从某些装有空气的东西中溢了出来,那东西可能由于击中了底部的岩石,所以翻倒或者坏掉了。"

"你说得对,但是在真空中你是看不见气泡的,所以我的海洋不是空虚的。"

"非常巧妙的理论,"海豚说,"但是这是真的吗?"

"当我在1930年发表论文时,"狄拉克说,"没人相信这些。这在很大程度上是我自己的错误,因为我最初认为这些带正电的粒子只不过是质子,这是在实验中被人所熟知的。当然,你知道质子比电子重1840倍,但是我希望通过一些数学上的技巧,解释在特定力的作用下增加的阻力加速度,并且得到1840这个理论上的数字。但是并没有成功,而在我的海洋中气泡的物质质量正好等于普通的电子质量。我的同事泡利,我得说他颇具幽默感四处声称这是他的'泡利第二原理'。你知道,他计算出如果一个普通的电子接近一个由离开我的海洋的电子产生的空洞,电子就会在瞬间填满。因此,如果一个氢原子的质子真的是一个'空洞',那么它就会瞬间被围绕在它周围的普通电子填充,而且这两个粒子会在闪光间或者闪过伽马射线间消失。当然,在所有其他元素的原子上也会发生同样的事。现在,"泡利第二原理"要求物

197

理学家提出的任何理论都要立刻应用在他身体的物质上，所以在我有机会告诉别人我的想法之前，我也会消失不见。就像这样！"然后狄拉克就随着一阵耀眼的闪光消失了。

"先生，"一个恼人的声音传进了汤普金斯先生的耳朵里，"你有权在讲座中睡觉，但是你不应该打鼾。教授说的话我一个字都听不见了。"

所以，汤普金斯先生睁开眼睛，他再一次看见了这间拥挤的演讲厅和老教授，教授继续说：

现在让我们看看一个运动的空洞遇到一个在狄拉克的海洋中寻找舒适地方的多余电子时会发生什么。很明显，由于这种相遇，多余电子会不可避免地落入并且填满空洞，而惊讶地观察到这个过程的物理学家会将这种现象记录为正负电子的互相湮灭。在碰撞过程中释放的能量会以短波辐射的形式发出，而且这将代表这两个互相吃掉的电子唯一留下的痕迹，就像是著名儿童故事里的两只恶狼一样。

但是人们也可以想象一个逆向过程，那就是一对正负电子通过一场强大的外部辐射从"虚无中被创造出来"。从狄拉克理论的观点出发，这个过程只是简单地从连续分布中提出一个电子，这实际上不应该被认为是"创造"，而是两个相反电荷的分离。现在我展示给你们的这张图表中，电子的"创造"和"湮灭"这两个过程由非常粗糙的原理图表示，你可以看到这个问题并不神秘。我必须在这里补充的是，虽然严格来说，创造电子对的过程可能发生在绝对真空中，但是它的概率非常小，你可能会说真空中的电子分布太过平稳而无法打破。而另一方面，在存在重材料粒子时（它在研究电子分布的伽马射线中作为支撑点），创造电子对的概率大大增加了，所以人们可以容易地观察到。

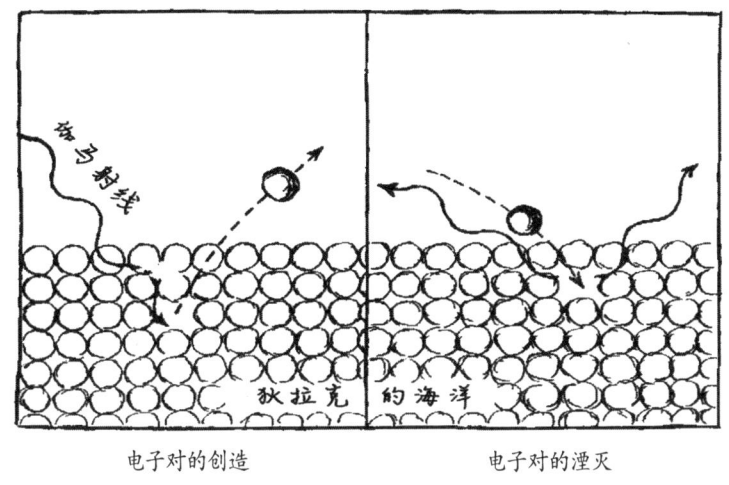

电子射线

狄拉克 的海洋

电子对的创造   电子对的湮灭

  然而，很明显上述方法创造的正电子不会存在很长时间，而且很快就会遇到我们宇宙角落中具有巨大数量优势的负电子后消失。这个事实就是这些有趣的粒子被较晚发现的原因。事实上，第一个关于正电子的报告（狄拉克的理论在1930年发布）在1932年8月才由加州理工的物理学家卡尔·安德森[1]发表，他在他宇宙射线的研究中发现，与普通电子在所有方面都很相似的粒子只有一个重要的差别，那就是它们带有的是正电荷而不是负电荷。在这之后不久，我们通过向任何一种物质发射一束强大的高频射线（放射性的伽马射线），获得了在实验室条件下产生电子对的简单方法。

  在下一张我展示给你们的幻灯片中，你会看见宇宙射线正电子以及电子对创造过程的所谓"云室照片"。但是在做这些之前，我得向你们解释一下这些照片的获取方式。"云室"，或者叫威尔逊云室，是现

1.卡尔·大卫·安德森（Carl David Anderson, 1905~1991），瑞典裔美国物理学家，1936年，安德森因发现正电子而获得诺贝尔物理学奖。——译者注

代实验物理学中最有用的仪器之一，它基于这样的事实：任何带电粒子在移动经过气体时都会沿着它的轨迹产生大量离子。如果气体是饱和的水蒸气，微小的水滴就会凝结在这些离子上，从而沿着整个轨迹形成一层薄薄的雾。在深色的背景上通过强光照亮这条雾带，我们就能获得展示运动所有细节的完美照片。

现在投影在屏幕上的两张图片中的第一张照片是安德森拍摄的宇宙射线正电子的原始照片，顺便说一下，它是这种粒子有史以来的第一张照片。这条横跨图像的宽水平带是横放在云室里的厚铅板，可以看到正电子的轨迹是一条横跨图像的弯曲的划痕。轨迹是弯曲的，因为在实验期间，云室被放置在能影响粒子运动的强磁场中。铅板和磁场是为了判定粒子所带的电荷符号，这可以基于以下的论点得出结论：众所周知，磁场产生的轨迹偏转取决于移动粒子的电荷符号。在特殊情况下，磁铁的放置方式使负电子向原来运动方向的左侧偏转，而正电子则向右偏转。因此，如果照片中的粒子是在向上运动，则它可能带有负电荷。但是我们如何判断它的运动方向呢？这就要用到铅板了。在穿过铅板后，粒子一定会损失一些原始能量，所以由磁场造成的弯曲效应就一定会更大。在本照片中，轨迹在板的下方弯曲得更厉害（乍看之下很难看出，但是在板下的测量中就可以得出结论）。所以，粒子是向下运动的，它的电荷为正。

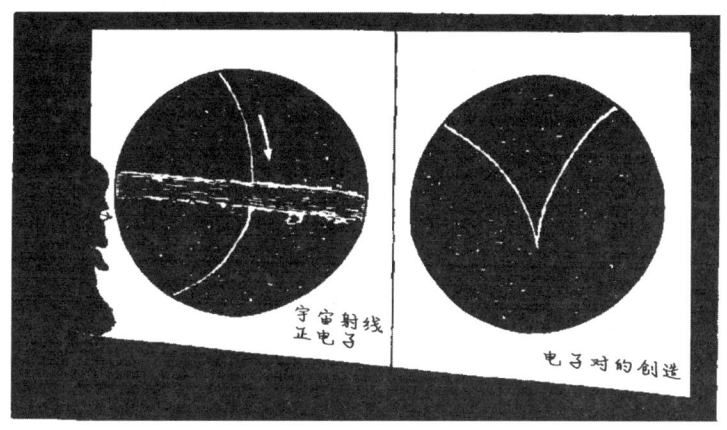

云室中电子对的创造过程。

　　另一张照片是由剑桥大学的詹姆斯·查德威克[1]拍摄的,它展现的是在"云室"空间中电子对的创造过程。一束很强的伽马射线从下方照进来(其痕迹在照片中是看不见的),在"云室"的中间产生了一对电子,两个粒子被强磁场作用向反方向偏转,向不同的方向飞去。看着这张照片,你可能会好奇为什么正电子(在左边)没有在通过气体的途中被湮灭。狄拉克理论也给出了这个问题的答案,任何打高尔夫球的人都很容易理解。如果你把高尔夫球放在草坪上,然后太过用力地击球,即使你把目标瞄得很准,球也不会落入球洞。事实上,一个飞速运动的高尔夫球只会跳过洞口然后向前滚动。同样的方式,快速移动的电子不会落入狄拉克的洞,直到它的速度大大降低。所以,当正电子沿轨道运动发生碰撞而减速时,它在轨道末尾被湮灭的可能性更大。而且,就事实来说,仔细地观察表明,伴随湮灭过程产生的辐射会实际出现在正

1.詹姆斯·查德威克(James Chadwick, 1891~1974),英国物理学家,1935年因发现中子获得诺贝尔物理学奖。——译者注

电子轨道的末尾处。这一事实也进一步证实了狄拉克理论。

现在，仍有两个要点尚待讨论。首先，我刚才所说的负电子指的是狄拉克海洋中溢出的东西，而正电子指的是其中的孔洞。但是，我们也可以把观点反过来看，认为普通的电子是孔洞，而把正电子当作是溢出的粒子。为了做到这一点，我们只能假设狄拉克的海洋没有溢出，而是正相反，总是缺少粒子。在这种情况下，我们可以将狄拉克的分布想象成一块上面有很多洞的瑞士奶酪。由于粒子的普遍缺少，孔洞将永远存在。如果一个粒子被抛到狄拉克分布外面，它会快速地再次落回其中的一个孔洞中。但是可以说，不管是从物理角度还是数学角度来看，这两种图像都是绝对等效的，不论我们选择哪一种图像，都没有实质上的差别。

第二个要点可以用以下问题的形式提出："如果我们生活的这部分宇宙，负电子的数量占有明显的优势，那么我们是不是可以假设在宇宙的某个其他部分，情况恰好反过来呢？"换句话说，在我们周围从狄拉克海洋中溢出的水花，是不是要靠其他什么地方缺少的粒子来补偿呢？

这个非常有趣的问题很难回答。实际上，由于由负原子核和在它周围旋转的正电子构成的原子与普通的原子具有完全相同的光线性质，所以无法通过任何光谱观察来解决这个问题。就我们所知道的情况，形成比如说大仙女星云的物质很可能就是这种颠倒物质（反物质），但是唯一验证这一点的方法就是拿到一块这样的物质，看看它在接触地球上的物质时会不会发生湮灭。当然，也有可能是一场猛烈的爆炸！最近有人谈到某些在地球大气层发生爆炸的陨石就是由这种颠倒的物质形成的，但是我倒不是很相信这一点。事实上，在宇宙的不同部分，这种狄拉克海洋溢出和吸收物质的问题将永远无法解答。

第十五章　汤普金斯先生品尝了一顿日本料理

一个周末，慕德去约克郡探望她的姨妈，汤普金斯先生邀请教授和他去一家著名的寿司餐厅共进晚餐。坐在矮脚桌旁柔软的坐垫上，他们享受着这家日本厨房带来的美食，并时不时地从小酒杯里啜一口清酒。

"跟我说说。"汤普金斯先生说，"那天我听泰勒博士在他的演讲中说，原子核中的质子和中子是被某种核力结合在一起的。那与原子中维持电子的力是相同的吗？"

"噢，不是的！"教授回答道，"核力是完全不同的力。原子中的电子是通过普通的静电力吸引到原子核附近的，这是在十八世纪末，由法国物理学家最早对此进行详细研究的。这种力相对较弱，并且随着距中心距离的平方的反比减小，核力是非常不一样的。当质子和中子彼此接近而又没有直接接触时，它们之间实际上没有力产生。但是一旦它们互相接触，就会产生一种非常强大的力量将它们黏合到一起。就好像两片胶带，即使距离很近也不会互相吸引，但是只要它们彼此接触，就会像兄弟一样粘在一起。物理学家称这种理论为'强作用力'。这种力与两个电荷粒子无关，而在中子-质子对、两个质子和两个中子之间是同等强大的。"

"有没有理论解释这种力量呢？"汤普金斯先生问道。

"嗯，有的。在二十世纪三十年代初，汤川秀树[1]提出核力是由于两个核子之间交换了某种未知的粒子（核子是质子和中子的统称）。当两个核子互相接近时，这种神秘的粒子就开始在它们之间来回跳跃，从

1.汤川秀树（1907~1981），日本物理学家，因在核力的理论基础上预言了介子的存在，1949年获得诺贝尔物理学奖。——译者注

而产生强大的结合力,把它们粘合在一起。汤川秀树还能够从理论上估计它们的质量,大约是电子质量的二十倍,是质子或中子质量的十分之一。因此,他们称之为'介子'。"

确实,六名艺妓走了出来,并且开始进行一场杯和球表演,她们将一个球在两个拿在手里的杯子之间扔来扔去。一个出现在背景里的男人面孔唱道:

> 因为介子我获得了诺贝尔奖,
> 一项我希望不张扬的成就。
>
> 最短波长,横滨,
> η介子,K介子,富士山——
> 因为介子我获得了诺贝尔奖。
>
> 他们建议在日本叫它"汤川子",
> 我反对,因为我是个谦虚的人。
>
> 最短波长,横滨,
> η介子,K介子,富士山——

他们建议在日本叫它"汤川子"。

"但是为什么有三对艺妓呢?"汤普金斯先生问。

"他们代表了介子交换的三种可能性。"教授说,"可能有三种介子: 正电性、负电性和电中性。也许这三种介子都参与产生核力。"

三对艺妓正在表演杯和球。

"所以, 现在有八种基本粒子。"汤普金斯先生数着手指说, "中子、质子(正的和负的), 正负电子, 还有三种介子。"

"嚯!"教授说,"不是八种, 而是差不多八十种。起初发现了两种介子: 较重的介子和较轻的介子, 它们分别由希腊字母TT和M表示, 称为π介子和μ介子。通过非常高能的质子撞击形成空气的原子核, 就能在大气层的边缘产生π介子。但是它们非常不稳定, 在它们到达地球表面之前就会分裂成μ介子和一种最神秘的粒子——中微子, 它既没有质量也不带电荷, 却能携带能量。μ介子的寿命稍长一些, 大概有几微秒, 所以它们能到达地球表面, 并且在我们眼前衰变成普通的电子和两个中微子。除此之外, 还有用希腊字母K表示的K介子。"

"这些艺妓用的是哪种粒子?"汤普金斯先生问。

"噢,可能是π介子,电中性那种,这种介子最为重要,但是我也不确定。现在几乎每个月都会发现新的粒子,大多数新粒子的寿命都非常短暂,就算是以光速运动,它们在距离原来的位置几厘米的范围内就会衰变,所以,即使是通过气球送上大气层的小仪器也注意不到它们。"

"但是,我们现在拥有强大的粒子加速器,可以将质子加速到与宇宙射线同样高的能量:数十亿电子伏特。其中一台名为'劳伦斯加速器'的机器就位于附近的山顶上,我很乐意带你去看看。"

"经过一段短暂的驱车,他们来到装有粒子加速器的一座大型建筑物前。刚进入到这座建筑中,汤普金斯先生就对这台巨大机器的复杂性震撼不已。但是教授向他保证说,这台机器原理上并不比大卫用来杀死歌利亚的弹弓[1]复杂多少。带电粒子进入到这个巨型大鼓的中心,然后沿着展开的螺旋轨迹运动,机器通过交替的电脉冲进行加速,并且通过强磁场将粒子保持在轨道中。"

"我想我以前见过这样的东西。"汤普金斯先生说,"在我参观回旋加速器的时候,几年前他们称它为'原子粉碎机'。"

"噢,是的。"教授说,"你以前看见的那台机器最初是劳伦斯教授[2]发明的。你在这里看见的这个是基于同样的原理,只是这台机器不是将粒子加速到几百万伏特,而是可以加速到几十亿伏特。其中有两台

1.《圣经》中记载,歌利亚是非利士将军,带兵进攻以色列军队,他拥有无穷的力量,所有人看到他都要退避三舍。最后,牧童大卫用投石弹弓打中歌利亚的脑袋,并割下他的首级。——译者注

2.欧内斯特·劳伦斯(Ernest Orlando Lawrence, 1901~1958),美国著名物理学家,由于发明了回旋加速器以及借此取得的成果,获得1939年度诺贝尔物理学奖。——译者注

机器最近在美国建造。一个是在加利福尼亚的伯克利,叫作'质子加速器',因为它产生几十亿电子伏特能量的粒子。另一个美国的粒子加速器位于长岛的布鲁克海文,它叫'宇宙加速器',这个名字就有点太过分了,因为自然的宇宙射线通常比宇宙加速器能提供的能量高得多。在欧洲粒子物理研究所(位于日内瓦附近),他们建造的加速器能与美国的两台加速器媲美。在俄罗斯,距离莫斯科不远的地方,还有一台这种机器,叫作'勃列日涅夫加速器'。"

汤普金斯先生环顾四周,注意到一扇门上有这样的标志:

阿尔瓦雷茨[1]的液态氢淋雨装置

"那是什么?"他问。

"噢!"教授说,"这里的劳伦斯加速器产生越来越多不同的基本粒子,能量也越来越高,人们要通过观察它们的轨迹、计算它们的能量、寿命、相互作用以及许多其他的性质,例如奇异性、奇偶校验等等来对它们进行分析。"

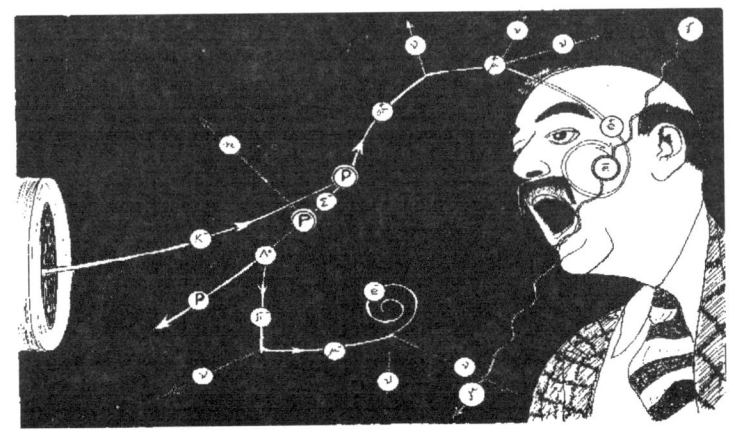

微粒像兔子一样增加。

1.路易斯·阿尔瓦雷茨(Luis Walter Alvarez, 1911~1988),美国著名实验物理学家,因对实验粒子物理学做出了重大贡献,获得1968年诺贝尔物理学奖。——译者注

以前，人们使用所谓的"云室"，"云室"是威尔逊发明的，他也因此获得了1927年的诺贝尔奖。在当时，物理学家们研究的具有几百万电压能量对带电粒子，被送到一个由几乎达到饱和极限的水蒸气填充的玻璃盖子的室腔内。当室腔的底部迅速下降时，其中的空气由于膨胀而冷却下来，使得水蒸气变得过于饱和。因此，一部分的水蒸气凝结成小液滴。威尔逊发现水蒸气变成水的这种冷凝在离子周围冷凝得更快，也就是气体中的带电粒子。但是，沿着经过室腔的带电子弹轨迹的气体被电离了。因此，雾中的雾状条纹被位于室腔侧面的光源照亮，在黑色的室腔底部背景下变得清晰可见。你一定还记得我在上一次讲座中展示的那些照片。

"现在，在宇宙射线粒子的情况下，其能量比我们之前研究过的那些粒子能量要大一千倍，情况是不一样的，因为它们的轨迹太长了，以至于充满气体的"云室"太小，所以不能从开始一直跟随到最后，而只能观察到整个画面的一小部分。"

"最近，一位在1960年获得诺贝尔奖的年轻的美国物理学家唐纳德·格拉泽[1]向前迈出了一大步。根据他的故事，有一次他坐在酒吧里，郁郁寡欢地看着他面前酒瓶里升起的气泡。这时，他突然想到，如果威尔逊能够研究气体中的液滴，那么我为什么不能通过研究液体中的气泡而做得更好呢？我不打算讨论技术细节。"教授继续说道，"只是设计仪器时产生的困难，远远乎你的想象。但是结果证明，为了让仪器正常作，在现在我们称之为气泡室中的液体必须是液态氢，而它

1.唐纳德·格拉泽（Donald Arthur Glaser, 1926~2013），美国著名实验物理学家，因发明了著名的气泡室而获得1960年诺贝尔物理学奖，气泡室可以帮助科学家追踪碰撞产生的电子、质子和其他基本粒子的轨迹。——译者注

的温度要比水的冰点还要低五百五十华氏度。隔壁放有一台由阿尔瓦雷茨建造的大型容器，里面充满了液态氢，他们通常称之为'阿尔瓦雷茨的浴缸'。"

"呃……这对我来说有点冷！"汤普金斯先生大声说道。

"噢，你不需要进去。你只需要通过透明壁来观察粒子的轨迹。"

浴缸像往常一样运转着，它周围的闪光灯摄像头正在连续快速拍照。

浴缸被放在巨大的电磁铁内部，它会使轨道弯曲以便估计粒子的运动速度。

"制作一张照片只需要几分钟的时间。"阿尔瓦雷茨说，"这样每天就可以增加几百张照片，如果设备不出现故障并且亟须修理的话。每张照片都需要被仔细检查，每条轨迹都要被分析，其曲率也要被认真测量。每一个环节都可能需要几分钟到一个小时，这取决于照片是否有趣，以及那个女孩儿分析得多快。"

"你为什么说到'女孩'？"汤普金斯先生打断他，"这是一个纯粹女性化的职位吗？"

"噢，不是。"阿尔瓦雷茨说，"这些女孩实际上有很多是男孩。但是在这种工作中，我们使用女孩这个术语与性别无关，只是作为效率和精确度的单位。当你说'打字员'或者'秘书'的时候，你想到的是女性而不是男性。那么，在分析从我们实验室得到的所有照片上的点时，我们需要上百个女孩，这就成了一个问题。所以，我们将大量的照片发到其他大学去，这些大学没有足够资金建造劳伦斯加速器和气泡室，但是负担得起分析我们这些照片的仪器。"

"你们是唯一做这项工作的机构吗?"汤普金斯先生问。

"噢,不是的!类似的机器在纽约长岛的布鲁克海文国家实验室,瑞士日内瓦附近的欧洲粒子物理研究所的实验室,以及俄罗斯莫斯科附近的舍尔昆奇克(胡桃夹子)实验室都有。他们都在大海里捞针,上帝啊,他们隔一段时间才能找到一个。"

"为什么有这么多的工作要完成?"汤普金斯先生惊讶地问。

"想要找到一种新的基本粒子,这比大海捞针还要困难,而且还要研究它们之间的相互作用。这里的墙上挂着一张粒子图表,它已经包含了比门捷列夫的体系中的元素更多的粒子。"

"但是为什么要付出这么多的努力,难道只为了找到新粒子呢?"汤普金斯先生问。

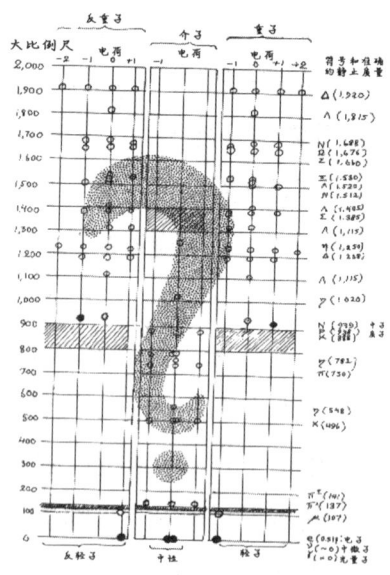

比门捷列夫的表格还要复杂!

(作者:周,盖尔曼,罗森菲尔德,《科学美国人》,1964年2月刊)

"好吧，这就是科学。"教授回答道，"人类的思维总是试图了解我们周围的一切，无论是巨型恒星星系，还是微观细菌，或者是这些基本粒子。这既充满乐趣又令人兴奋，这就是为什么我们要这么做。"

　　"但是，这些科学上的发展能让人类过得舒适并且达到造福人类的实际目标吗？"

　　"当然可以，但是这仅仅是次要的目的。难道你认为音乐的主要目的是教会喇叭手在清晨唤醒士兵，叫他们吃饭，或者命令他们参加战斗吗？人们说'好奇害死猫'，而我说'好奇造就了科学家'。"

　　说完这些话，教授祝汤普金斯先生度过一个美好的夜晚。